Vue.js

前端开发实战教程

视频教学版

未来科技 _____ 编著

中国水利水电出版社
www.waterpub.com.cn
·北京·

U0177279

内 容 提 要

本书系统讲解了 Vue.js 3.x 的基础知识和使用技巧，并结合大量示例、实战案例、综合案例从不同角度和场景生动地演示了 Vue.js 在实践中的具体应用。全书共 11 章，内容包括学习 Vue.js 前的准备、Vue.js 基础、使用指令、计算属性和监听器、事件处理、绑定表单和样式、过渡和动画、使用组件、Vue 开发环境与组合式开发、Vue 路由和状态管理及综合案例：微购商城。

本书配备了极为丰富的学习资源，其中配套资源包括 172 节教学视频（可扫描二维码查看）、素材及源程序；附赠的拓展学习资源包括习题及面试题库、案例库、工具库、网页模板库、网页配色库、网页素材库、网页案例库等。

本书注重实战，把知识融入案例中讲解，适合 Web 前端开发初学者、移动网站和 App 设计与开发人员，也适合高等院校、中职学校和培训机构等计算机相关专业的师生作为教学参考。

图书在版编目（CIP）数据

Vue.js前端开发实战教程：视频教学版 / 未来科技

编著. -- 北京：中国水利水电出版社，2025. 4.

ISBN 978-7-5226-3064-9

Ⅰ. TP392.092.2

中国国家版本馆CIP数据核字第2025A9C265号

书　　名	Vue.js 前端开发实战教程（视频教学版） Vue.js QIANDUAN KAIFA SHIZHAN JIAOCHENG	
作　　者	未来科技　编著	
出版发行	中国水利水电出版社 （北京市海淀区玉渊潭南路 1 号 D 座　100038） 网址：www.waterpub.com.cn E-mail：zhiboshangshu@163.com 电话：（010）62572966-2205/2266/2201（营销中心）	
经　　售	北京科水图书销售有限公司 电话：（010）68545874、63202643 全国各地新华书店和相关出版物销售网点	
排　　版	北京智博尚书文化传媒有限公司	
印　　刷	河北文福旺印刷有限公司	
规　　格	185mm×260mm　16 开本　17.25 印张　460 千字	
版　　次	2025 年 4 月第 1 版　2025 年 4 月第 1 次印刷	
印　　数	0001—3000 册	
定　　价	59.80 元	

凡购买我社图书，如有缺页、倒页、脱页的，本社营销中心负责调换

前　言

Preface

近年来，互联网+、大数据、云计算、物联网、虚拟现实、人工智能、机器学习、移动互联网等 IT 相关概念和技术风起云涌，相关产业的发展如火如荼。互联网+、移动互联网已经深入到人们日常生活的方方面面，人们已经离不开互联网。为了让人们有更好的互联网体验效果，Web 前端开发、移动终端开发相关技术发展迅猛。其中 Vue.js、Angular 和 React 是三大 Web 前端主流框架技术，Vue.js 技术目前的受欢迎程度更为突出，全面掌握该技术可以提高 Web 前端开发的效率，制作出更酷炫的网页，降低开发的复杂度和成本。

本书系统讲解了 Vue.js 3.x 的基础知识和使用技巧，并结合大量示例、实战案例、综合案例从不同角度和场景生动地演示了 Vue.js 在实践中的具体应用。在讲解过程中，本书不仅关注 Vue.js 知识体系和结构的完整性，更关注内容的易读性和易懂性，每个章节都结合了大量的示例、案例，让读者更容易掌握相关知识及操作方法，并能够触类旁通，确保达成学习目标。

本书内容

全书共 11 章。具体结构划分及内容概述如下。

第 1 部分：入门部分，包括第 1 章。本章简单引导读者进行学习准备、认知准备。

第 2 部分：基础知识部分，包括第 2~10 章。这部分内容主要讲解 Vue.js 框架的核心知识点，包括 Vue.js 的基本语法、指令、计算属性、监听器、事件处理、表单输入绑定、Class 与 Style 绑定、设计过渡和动画效果、组件和组合 API、Vue CLI 和 Vite、使用路由和状态管理。

第 3 部分：综合实战部分，包括第 11 章。本章结合一个网上购物商城的案例，帮助读者了解使用 Vue.js 开发应用项目的基本设计方法和思路，熟悉综合案例的开发流程，以便能够使用各种 Vue.js 技术完成项目制作。

本书编写特点

📖　实用性强

本书把"实用"作为编写的首要原则，重点选取实际开发工作中用得到的知识点，并按知识点的常用程度进行了详略调整，目的是希望读者用最短的时间掌握开发的必备知识。

📖　入门容易

本书思路清晰、语言通俗、操作步骤详尽。读者只要认真阅读，把书中所有示例认真地练习一遍，并独立完成所有的实战案例，便可以熟练掌握 Vue.js。

📖　讲述透彻

本书把知识点融于大量的示例中，并结合实战案例进行讲解和拓展，力求让读者"知其然，也知其所以然"。

📖　系统全面

本书内容从零开始到实战应用，丰富详尽，知识系统全面，讲述了实际开发工作中用得到的绝大部分知识。

📖 **操作性强**

本书颠覆了传统的"看"书观念，是一本能"操作"的图书。书中的示例遍布每个小节，并且每个示例的操作步骤清晰明了，简单模仿就能快速上手。

本书显著特色

📖 **体验好**

二维码扫一扫，随时随地看视频。 书中几乎每个章节都提供了二维码，读者可以通过手机微信的"扫一扫"功能，随时随地观看相关的教学视频（若个别手机不能播放，请参考前言中的"本书学习资源列表及获取方式"，下载后在计算机上观看）。

📖 **资源多**

从配套到拓展，资源库一应俱全。 本书不仅提供了几乎覆盖全书的配套视频和素材源文件，还提供了拓展的学习资源，如习题及面试题库、案例库、工具库、网页模板库、网页配色库、网页素材库、网页案例库等，开阔视野、贴近实战，学习资源一网打尽！

📖 **示例多**

示例丰富详尽，边做边学更快捷。 跟着大量的示例去学习，边学边做，在做中学，使学习更深入、更高效。

📖 **入门易**

遵循学习规律，入门与实战相结合。 本书编写模式采用"基础知识+中小示例+实战案例"的形式，内容由浅入深、循序渐进，从入门中学习实战应用，从实战应用中激发学习兴趣。

📖 **服务快**

提供在线服务，随时随地可交流。 本书提供 QQ 群、资源下载等多渠道的贴心服务。

本书学习资源列表及获取方式

本书的学习资源十分丰富，全部资源分布如下。

📖 **配套资源**

（1）本书的配套同步视频，共计 172 节（可用二维码扫描观看或从下述的网站下载）。

（2）本书的示例和案例，共计 214 个，以及素材及源程序。

📖 **拓展学习资源**

（1）习题及面试题库（共计 1000 题）。

（2）案例库（各类案例 4395 个）。

（3）工具库（HTML、CSS、JavaScript 手册等共 60 部）。

（4）网页模板库（各类模板 1636 个）。

（5）网页素材库（17 大类）。

（6）网页配色库（613 项）。

（7）网页案例库（共计 508 项）。

📖 **以上资源的获取及联系方式**

读者扫描下方的二维码或关注微信公众号"人人都是程序猿"，发送"VJ3064"到公众号后台，获取资源下载链接，然后将此链接复制到计算机浏览器的地址栏中，根据提示下载即可。

（2）加入本书学习交流 QQ 群：799942366（请注意加群时的提示），可进行在线交流学习，作者将不定时在群里答疑解惑，帮助读者无障碍地快速学习本书。

（3）读者还可以通过发送电子邮件至 961254362@qq.com 与我们联系。

本书约定

为了节约版面，本书中所显示的示例代码多为节选，示例的全部代码可以按照上述资源获取方式下载。

学习本书中的示例，要用到 Edge、Firefox 或 Chrome 浏览器，建议根据实际运行环境选择安装上述类型的最新版本浏览器。

书中插图可能会与读者实际操作界面有所差别，这可能是由于操作系统平台、浏览器版本等不同而引起的，一般不影响学习，在此特别说明。

本书适用对象

本书适用于以下人群：有一定 HTML、CSS 和 JavaScript 基础的 Web 前端开发者；从未使用过 Vue.js 或者对 Vue.js 有初步了解的读者；想使用 Vue.js 构建功能丰富、交互性强的专业应用程序的读者；热衷于追求新技术、探索新工具的读者；高等学校、高职高专、职业技术学院和民办高校相关专业的学生；相关培训机构 Web 前端开发课程教培人员。

关于作者

本书由未来科技团队负责编写，并提供在线支持和技术服务。

未来科技是由一群热爱 Web 开发的青年骨干教师组成的一支技术团队，主要从事 Web 开发、教学培训、教材开发等业务。该团队编写的同类图书在很多网店上的销量名列前茅，让数十万名读者轻松跨进了 Web 开发的大门，为 Web 开发的普及和应用做出了积极的贡献。

由于作者水平有限，书中疏漏和不足之处在所难免，欢迎各位读者不吝赐教。如有好的建议、意见，或在学习本书时遇到疑难问题，可以联系我们，我们会尽快为您解答。

编　者

目 录

Contents

第 1 章　学习 Vue.js 前的准备

【学习目标】

➥ 了解 Vue.js 的历史及功能。
➥ 了解 Vue.js 的开发和调试工具。
➥ 了解 Vue.js 代码的基本使用方法。

Vue.js 是 Web 前端开发比较流行的框架，与 Angular 和 React 相比，Vue.js 更容易理解和上手，使用 Vue.js 进行开发不仅可以提高开发效率，而且可以提升开发体验。因此，熟练掌握 Vue.js 框架已成为前端开发者的必备技能。本章将介绍 Vue.js 的基本概念，以及学习 Vue.js 之前的准备工作。

1.1　认识 Vue.js

1.1.1　前端技术的发展

Web 前端技术主要包括 3 门基础语言：HTML（HyperText Markup Language，超文本标记语言）、CSS（Cascading Style Sheets，层叠样式表）和 JavaScript。其中，HTML 负责编写网页结构；CSS 负责渲染网页样式和布局；JavaScript 负责各种逻辑的实现，为页面提供交互效果，实现更好的用户体验。

在前端开发中，开发者的核心任务是编写大量的 JavaScript 代码。随着项目越来越大，JavaScript 代码逻辑也会越来越复杂。为了提高开发效率，各种 JavaScript 代码库开始如雨后春笋般诞生。从早期的 jQuery 到现今的 Vue，都让开发者疯狂追捧。下面简单介绍一下前端技术发展的 6 个时期。

➥ 原始时期（1990—1994 年）：1990 年 Web 浏览器诞生，1991 年 WWW（Word Wide Web，万维网）诞生，1993 年 CGI（Command Gateway Interface，公共网关接口）出现，1994 年 W3C 成立，1995 年 JavaScript 诞生。

➥ 浏览器竞争时期（1994—2005 年）：IE 浏览器与网景浏览器竞争，IE 浏览器与火狐浏览器竞争，IE 浏览器与谷歌浏览器竞争。

➥ Prototype 时期（2005—2009 年）：最早的、比较流行的 JavaScript 基础类库，解决了动画特效与 Ajax 请求两大问题。

➥ jQuery 时期（2009—2012 年）：jQuery 打破了前端开发的编程思维，以 DOM 为中心，首先使用选择器选取一个或多个 DOM 元素，变成 jQuery 对象，然后进行链式操作。

➥ 后 jQuery 时期（2012—2016 年）：jQuery 插件的泛滥带来很多诟病，同时随着移动端开发的流行，jQuery 开始尽显疲态，已经无法适应新的技术变革。

➥ 三大移动框架时期（2016 年至今）：脸谱网推出了 React，谷歌发布了 Angular，Vue.js 也横空出世。Vue.js 是中国人开发、以个人力量为起点的最成功的前端框架。

1.1.2　Vue 简介

Vue 发音为/vjuː/，读音类似于 view，是一个用于构建用户界面的渐进式 JavaScript 框架。其基于 HTML、CSS 和 JavaScript 构建，为用户提供了一套声明式、组件化的编程模式，可以高效地开发用户界面。

（1）声明式。Vue.js 允许将数据直接绑定到标签中，实现双向响应，当数据发生变化或者视图中标签的值被修改时，都会进行双向同步更新。这种设计思路就是 MVVM（Model-View-ViewModel，模型—视图—视图模型）编程模式。通过标签声明的方式绑定数据，大大降低了开发难度和后期数据维护的成本。

（2）组件化。Vue.js 允许将一个网页分割成可复用的组件，每个组件都可以包含属于自己的 HTML、CSS 和 JavaScript。这种把网页分割成可复用的组件的方式就是组件化设计思想。

Vue.js 组件化理念：一切皆组件。它可以将任意代码封装为组件，然后在模板中以标签的形式调用。如果组件设计合理，能减少重复开发。

配合 Vue.js 单文件组件，可以将一个组件的 CSS、HTML 和 JavaScript 代码独立写在一个文件中，然后以外部组件的形式导入，从而实现模块化开发。

1.1.3　Vue.js 的历史

2013 年 7 月，在谷歌工作的华人尤雨溪（英文名 Evan）受当时流行的 Angular 框架的启发，参考 React 编写了一款轻量级的 JavaScript 框架。该框架一开始以 Element 命名并提交到 GitHub 上，后来更名为 Seed.js。

2013 年 12 月，发布 0.6.0 版本。正式更名为 Vue.js，指令前缀为 v-。

2014 年 1 月，发布 0.8.0 版本。Vue 正式对外发布。

2014 年 2 月，发布 0.9.0 版本。开始发布代号，此后重要的版本都会发布新代号。

2014 年 10 月，发布 0.11.0 版本。这是 Vue.js 第 1 个正式公开、可用的稳定版本。

2015 年 10 月，发布 Vue.js 1.0 版本。这个版本增加了很多新特性和改进，使 Vue.js 在开发者社区中受到更广泛的关注和使用。

2016 年 10 月，发布 Vue.js 2.0 版本。这个版本带来了更小的体积，以及更多的新特性，如虚拟 DOM（Document Object Model，文档对象模型）的优化、异步组件等，使 Vue.js 变得更加强大和高效。

2019 年 10 月，发布 Vue.js 3.0 版本。这个版本引入了全新的响应式系统、更好的性能、更好的 TypeScript 支持等，进一步提升了 Vue.js 的开发体验和性能。

自 Vue.js 3.0 发布以来，持续得到了维护和改进，其开发者社区也在不断扩大。Vue.js 成了现代前端开发中较受欢迎的框架之一，被广泛用于构建单页 Web 应用（Single Page Web Application，SPA）和响应式的用户界面。

1.2　Vue.js 开发准备

Vue.js 的开发工具包括网页浏览器和代码编辑器。其中，网页浏览器用于执行和调试 Vue.js 代码；代码编辑器用于高效编写 Vue.js 代码。

1.2.1　网页浏览器

JavaScript 主要寄生于网页浏览器中，在学习 Vue.js 之前，应该先了解浏览器。目前主流浏览器包括 IE/Edge、FireFox、Opera、Safari 和 Chrome。

网页浏览器内核可以分为两部分：渲染引擎和 JavaScript 引擎。渲染引擎负责取得网页内容（HTML、XML、图像等）、整理信息（如加入 CSS 等），以及计算网页的显示方式，最后输出显示。JavaScript 引擎负责解析 JavaScript 脚本，执行 JavaScript 代码实现网页的动态效果。

1.2.2　代码编辑器

使用任何文本编辑器都可以编写 Vue.js 代码，但是为了提高开发效率，建议选用专业的开发工具。代码编辑器主要分两种：IDE（Integrated Development Environment，集成开发环境）和轻量编辑器。

- ❧ IDE 包括 VSCode（Visual Studio Code，免费）、WebStorm（收费），两者都可以跨平台使用。注意，VSCode 与 Visual Studio 是不同的工具，后者为收费工具，是强大的 Windows 专用编辑器。
- ❧ 轻量编辑器包括 Sublime Text（跨平台使用，共享）、Notepad++（Windows 平台专用，免费）、Vim 和 Emacs 等。轻量编辑器适用于单文件的编辑，但是由于各种插件的加持，使其与 IDE 在功能上没有太大的差距。

推荐使用 VSCode 作为 Vue.js 代码编辑工具。它结合了轻量级文本编辑器的易用性和大型 IDE 的开发功能，具有强大的扩展能力和社区支持，是目前最受欢迎的编程工具。通过 VSCode 官网可以下载，注意系统类型和版本的选择，然后安装即可。

安装成功之后，启动 VSCode，在界面左侧单击第 5 个图标按钮，打开扩展面板，输入关键词 Chinese，搜索 Chinese (Simplified)（简体中文）Language Pack for Visual Studio Code 插件，安装该插件，汉化 VSCode 操作界面。

再搜索 Live Server 并安装该插件。安装之后，在编辑好的网页文件上右击，从弹出的快捷菜单中选择 Open with Live Server 命令，可以创建一个具有实时加载功能的本地服务器，并打开默认网页浏览器预览当前文件。

 提示

在使用 VSCode 进行代码编写的过程中有以下约定，目的是与 ESLint 代码验证保持同步。

（1）代码提交前使用 VSCode 进行格式化。

（2）设置 Tab 键的大小为两个空格，保证在所有环境下的显示状态一致。设置方法：选择菜单栏中的"文件"→"首选项"→"设置"命令，在搜索文本框中输入 Tab Size，然后设置 Tab Size 为 2，同时取消勾选 Detect Indentation 复选框。

（3）安装插件 Vetur。Vetur 主要提供 Vue 开发扩展及 Vue 文件代码格式化功能。

（4）安装插件 Prettier-Code formatter。该插件可以对 CSS、Less、JavaScript 等其他文件的代码进行格式化，Vetur 的格式化是基于此插件实现的，因此可以在所有文件中实现统一的格式化。

1.2.3　开发者控制台

现代网页浏览器都提供了 JavaScript 控制台，用于查看 JavaScript 的错误，并允许通过

JavaScript 代码向控制台输出消息。在菜单栏中查找"开发人员工具"，或者按 F12 键可以快速打开控制台。在控制台中，错误消息带有红色的图标，警告消息带有黄色的图标。

1.2.4　安装 Vue.js

安装 Vue.js 有 4 种方式：CDN（Content Delivery Network，内容分发网络）、NPM（Node Package Manager，Node 包管理工具）、Vue CLI、Vite。其中，NPM、Vue CLI 和 Vite 将在第 9 章进行详细讲解。

1．使用独立版本

在 Vue.js 官网直接下载 vue.js，并在 HTML 文档中通过<script>标签导入。

```
<script src="vue.js/vue.global.3.3.4l.js"></script>
```

在开发环境下，建议用户不要使用压缩版，不然会没有错误提示和警告。

2．使用 CDN

CDN 能够依靠部署在各地的服务器，通过中心平台的负载均衡、内容分发、调度等操作，使用户就近获取所需内容，降低网络堵塞，提高用户的访问速度。

使用 CDN 方式安装 Vue.js 框架，用户首先需要选择一个能提供稳定 Vue.js 链接的 CDN 服务商，然后在页面中借助<script>标签导入。

```
<script src="https://unpkg.com/vue@3/dist/vue.global.js"></script>
```

3．使用 NPM

使用 Vue.js 构建应用项目时，推荐使用 NPM 安装方式。NPM 是一个 Node.js 的包管理和分发工具，也是 Node.js 社区最流行、支持第三方模块最多的包管理器。在安装 Node.js 环境时，安装包中已经包含 NPM。

如果安装了 Node.js，则不需要再安装 NPM。关于 NPM 的详细讲解可以参考第 9 章内容。使用 NPM 安装 Vue 3.0 的命令如下：

```
$ npm install vue@next                                    #安装最新稳定版
```

4．使用 Vue CLI

在开发 Vue 项目时，通常会先用 Vue CLI 搭建脚手架项目，此时会自动安装 Vue 的各个模块，不需要使用 NPM 单独安装 Vue。

Vue.js 给用户提供了一个官方的脚手架：Vue CLI，它可以快速搭建一个应用。搭建的应用只需几分钟就可以运行起来。在使用 Vue CLI 工具之前，用户应对 Node.js 及其相关构建工具有一定的了解。如果是初学者，建议先熟悉 Vue 之后，再使用 Vue CLI 工具。

1.2.5　安装开发者浏览器扩展

vue-devtools 是一款调试 Vue.js 应用的开发者浏览器扩展，用户可以使用它在浏览器开发者工具下调试代码。不同的浏览器有不同的安装方法，以谷歌浏览器为例，其安装步骤如下：

（1）打开谷歌浏览器，在工具栏最右侧单击"自定义及控制"按钮（⋮），在打开的下拉菜单中选择"扩展程序"菜单项。需要注意的是，在旧版本中需要先选择"更多工具"菜单项，然后在弹出的子菜单中查找。

（2）在"扩展程序"中单击"访问 Chrome 应用店"选项。

（3）在"Chrome 网上应用店"中搜索 vue-devtools。添加搜索到的扩展程序 Vue.js devtools。

（4）在弹出的窗口中单击"添加扩展程序"按钮。添加完成后，回到扩展程序界面，可以发现已经显示了 vue-devtools 调试程序。

1.3　案　例　实　战

扫一扫，看视频

1.3.1　显示动态信息

【案例】使用 Vue.js 在网页中动态显示一行信息：'Vue.js!'。

（1）新建 HTML 文档，在文档头部引入 Vue.js 库文件。

```
<script src="vue.js/vue.global.3.3.4l.js"></script>
```

（2）在页面中新建一个<div>标签作为 Vue.js 实例的挂载根节点，设置 id 为"app"。

```
<div id="app"></div>
```

（3）定义<script>标签，在 JavaScript 脚本中创建 Vue.js 实例。

```
<script>
const vue = Vue.createApp({           //创建 Vue.js 实例
    data(){                           //定义实例数据选项
        return{                       //返回实例数据集
            info: 'Vue.js!'           //定义变量 info 的值
        }
    }
})
vue.mount('#app')                     //绑定实例到 HTML 标签上
</script>
```

使用 Vue 对象的构造函数 createApp() 可以创建一个实例对象，参数为一个配置对象，配置对象中可以包含若干配置选项，其中最常用的是 data 选项。使用 data 选项可以向实例传递数据。data 是一个方法函数，其返回值为一个数据对象，数据对象可以包含若干个数据列表，以键值对的形式表示。

createApp() 的返回值为一个 Vue 实例对象，调用该对象的 mount() 方法可以把实例组件挂载到 DOM 中，该方法的参数为一个字符串格式的 CSS 选择器，可以匹配 DOM 中的一个元素。

（4）在<div id="app">中可以使用双大括号语法动态插入一个变量。

```
<div id="app"><h1>{{info}}</h1></div>
```

上面一行 HTML 字符串也称为 Vue.js 模板，其中"{{"和"}}"表示模板标识符，用于嵌入 JavaScript 表达式，可以包含 Vue 实例数据或方法。表达式的值将被解析为普通文本，并在嵌入位置的页面中显示出来。

（5）在浏览器中运行 HTML 文档，绑定的值会动态响应，即当变量的值发生变化时，显示的内容也会实时更新，演示效果如图 1.1 所示。

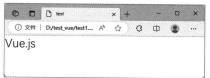

图 1.1　显示 Vue 信息

1.3.2　控制动态信息

【案例】以 1.3.1 小节中的案例为基础，本案例在页面中插入一个文本框，设计当输入文本时，显示的信息也实时更新，演示效果如图 1.2 所示。

（1）打开 1.3.1 小节的 HTML 文档，在 Vue 模板中添加一个文本框。

图 1.2　设计动态信息更新

```
<div id="app">
    <input v-model="info">
    <div><h1>{{info}}</h1></div>
</div>
```

在<input>中使用 Vue.js 的 v-model 指令绑定实例变量 info。这样当变量 info 的值发生变化，或者文本框的内容发生变化时，双向会同时响应更新。

（2）在浏览器中运行 HTML 文档，然后在文本框中尝试输入字符，会看到图 1.2 所示的响应式效果。

 拓展

响应式是一种以声明式的方法去适应变化的编程模式。例如，定义一个数据 n，然后根据这个数据 n 定义另一个数据 m=2*n，响应式就是要求当 n 发生变化时，m 也随之发生变化。这里就需要通过监听数据 n，同时在事件监听函数中执行响应数据 m 的变化。也就是说，m 会根据 n 的变化自动响应式地变化。

还有一种响应式就是数据在网页上渲染之后，当数据发生变化后会自动在网页上重新渲染新的数据。这在原生的 JavaScript 语言中实现起来非常困难。Vue 3.0 使用 ES6 的 proxy 语法实现响应式数据，其优点是可以检测到代理对象属性的动态添加和删除，可以监测到数组的下标和 length 属性的变更。

1.4　本　章　小　结

本章首先简单介绍了前端技术的历史，以及 Vue.js 简介、特点和作用。然后介绍了使用 Vue.js 之前需要做哪些准备，如安装多个浏览器，便于进行调试；安装 VSCode，便于编写代码；了解浏览器的控制平台，以及开发者插件等。最后介绍了 Vue.js 的安装和基本使用方法，并建议初学者先在单个 HTML 文档中通过导入 Vue.js 库文件的方式学习 Vue.js 基础知识，这样更容易入门。

1.5　课　后　习　题

一、填空题

1. Vue.js 是一套构建_____的渐进式框架。

2．Web 前端技术主要包括 3 门基础语言：＿＿＿＿＿、＿＿＿＿＿和＿＿＿＿＿。

3．Vue.js 使用＿＿＿＿选项可以向实例传递数据。它是一个函数，返回值为一个＿＿＿＿，包含若干个数据列表，以键值对的形式表示。

4．在进行 Vue 开发时，通常使用＿＿＿＿工具来完成项目开发。

5．Vue.js 中的页面结构以＿＿＿＿形式存在。

二、判断题

1．Vue.js 与 Angular 和 React 框架不同的是，Vue 设计为自下而上逐层应用。（　　）

2．Vue.js 完全能够为复杂的单页 Web 应用提供驱动。（　　）

3．Vue.js 是一套构建用户界面的渐进式框架，Vue.js 的核心只关注视图层。（　　）

4．Vue.js 允许将数据直接绑定到标签中，实现双向响应。（　　）

5．Vue.js 可以在 Node 环境下进行开发，并借助 NPM 来安装依赖。（　　）

三、选择题

1．在前端开发中，（　　）框架出现得最早。

　　A．Prototype　　　　B．jQuery　　　　C．Vue　　　　　　D．React

2．（　　）函数可以创建 Vue 实例。

　　A．create()　　　　B．createApp()　　C．use()　　　　　D．mount()

3．下列关于 Vue.js 的说法，错误的是（　　）。

　　A．Vue.js 与 Angular 都可以用于创建复杂的前端项目

　　B．Vue.js 的优势主要包括轻量级、双向数据绑定

　　C．Vue.js 在进行实例化之前，应确保已经引入了核心文件 vue.js

　　D．Vue.js 与 React 语法是完全相同的

4．下列关于 Vue.js 优势的说法，错误的是（　　）。

　　A．双向数据绑定　　B．轻量级框架　　C．增加代码的耦合度　　D．实现组件化

5．（　　）不属于 Vue.js 开发所需的工具。

　　A．Chrome　　　　　B．VSCode　　　　C．vue-devtools　　　D．微信开发者工具

四、简答题

1．简单介绍一下前端技术的发展历史。

2．什么是 Vue.js？它有哪些优势？

五、编程题

1．请使用 Vue.js 动手创建 Vue 实例并实现数据的绑定效果。

2．请使用 Vue.js 把数据输出到浏览器控制台进行显示。

第 2 章　Vue.js 基础

> ↘ 在 Vue.js 模板中插入各种形式的值。
> ↘ 正确使用 Vue.js 模板指令和实例方法。
> ↘ 了解 Vue.js 实例的生命周期，正确使用生命周期函数。

Vue.js 允许在 HTML 标签中混入简单的 JavaScript 逻辑和数据，这种基于 HTML 的模板语法，以声明式的语法编写，简单便捷，同时又完全符合 HTML 语法规范，能够被浏览器或 HTML 解析器正确解析，因此一经推出，就广受 Web 开发者欢迎。本章将详细介绍 Vue.js 模板的基本语法，并结合示例介绍模板的灵活应用。

2.1　插　　值

插值就是把变量的值绑定到 Vue.js 模板中。需要注意的是，这里的变量不是 JavaScript 全局变量，而是 Vue.js 实例的变量，一般通过实例的 data 选项定义。插值的实现方式有 5 种，具体说明如下。

 提示

> Vue.js 模板是一种特殊语法格式的 HTML 标签，主要通过自定义属性和"{{插值}}"表示。

 ### 2.1.1　插入文本

在 Vue.js 模板中，使用双大括号语法可以动态插入一个值。具体语法格式如下：

```
{{表达式}}
```

表达式的值将被解析为普通文本，并在嵌入位置的页面中显示出来。

 拓展

> 在底层实现上，Vue.js 将 HTML 模板编译成虚拟 DOM 渲染函数，配合 Vue.js 响应系统，当状态发生变化时，能够智能推导出需要重新渲染的 HTML 标签，从而实现最少的 DOM 操作。

【示例】下面的代码把变量 info 的值绑定到提示框中，演示效果如图 2.1 所示。

```
<div id="demo" class="alert alert-info">{{info}}</div>
<script>
Vue.createApp({                              //创建 Vue.js 应用
    data(){                                  //定义应用的数据选项
        return{                              //返回实例的数据集
            info: 'Hi Vue!'                  //定义变量 info 的值
```

扫一扫，看视频

```
        }
    }
})).mount('#demo')                          //绑定应用到 HTML 标签上
</script>
```

图 2.1 绑定文本插值

在浏览器中绑定的值会动态响应，当变量的值发生变化时，显示的内容也会同步更新。

提示

如果设置了 v-once 指令，则只能执行一次性插值，即当数据改变时，插值内容不会同步更新。

注意

"{{表达式}}"语法不能用在 HTML 属性中，只能使用 v-bind 指令在 HTML 中绑定属性值。

```
<div id="demo">
    <p class="{{style}}">错误用法</p>
    <p v-bind:class="style">正确用法</p>
</div>
```

2.1.2 插入 HTML 代码

使用 v-html 指令可以在 Vue.js 模板中嵌入动态的 HTML 代码，具体语法格式如下：

```
<标签名 v-html="表达式"></标签名>
```

其中，表达式的值为 HTML 代码字符串。

提示

Vue.js 指令实际上就是 HTML 自定义属性，以 "v-" 为前缀，Vue.js 能够根据设置提前把它解析为特定的行为。

【**示例**】为 Vue.js 应用定义如下数据变量。

```
url: '<a href="https://www.baidu.com" class="alert-link">百度</a>'
```

在 Vue.js 模板中使用文本插值和 v-html 指令，分别嵌入 HTML 代码。

```
<div id="demo">
    <p class="alert alert-danger">{{url}}</p>
    <p class="alert alert-success" v-html="url"></p>
</div>
```

在浏览器中预览，则显示不同的效果，如图 2.2 所示。从图 2.2 中可以发现，使用 v-html 指令的<p>标签输出包含了真正的<a>标签，当单击"百度"超链接文本后，将跳转到对应的页面。

图 2.2　文本插值和 v-html 指令绑定效果比较

注意

在实战中，应谨慎使用 v-html 指令，因为这样很容易造成 XSS（Cross Site Scripting，跨站脚本攻击）漏洞。一般仅用于内部可信、可控的 HTML 内容，而对于用户的 HTML 内容不要提供 v-html 指令。

扫一扫，看视频

2.1.3　插入 JavaScript 表达式

双大括号语法可以包含 JavaScript 表达式。具体语法格式如下：

```
{{JavaScript 表达式}}
```

每一个"{{}}"只能包含一个表达式，不能包含多个表达式或者 JavaScript 语句。

提示

模板中的表达式只能在 Vue.js 实例的作用域内被解析，仅能访问受限的全局对象列表，如 Math 和 Date。如果要访问更多的全局对象，可以在实例的 config.globalProperties 中显式添加，没有包含在列表中的全局对象将不能在模板表达式中访问，如 window 的属性等。

【示例】下面的示例使用 JavaScript 表达式求两个变量的和，演示效果如图 2.3 所示。

```
<div id="demo" class="alert alert-info">已知 x={{x}}，y={{y}}，则 x+y={{x+y}}
</div>
<script>
Vue.createApp({                          //创建 Vue.js 应用
    data(){                              //定义应用的数据选项
        return{x:1, y:2}                 //返回实例的数据集
    }
}).mount('#demo')
</script>
```

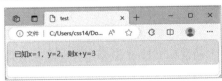

图 2.3　插入 JavaScript 表达式

注意

JavaScript 表达式可以用在"{{}}"语法中，也可以用在 Vue.js 指令的值中，即以"v-"开头的 HTML 自定义属性值中。例如，下面的"a+''+a+'-'+i"就是一个字符串连接表达式，直接绑定到 Vue.js 指令中。

```
<div id="demo"> <p v-bind:class="a + ' ' + a + '-' + i">提示框</p> </div>
<script>
Vue.createApp({                        //创建 Vue.js 应用
    data(){                            //定义应用的数据选项
        return{                        //返回实例的数据集
            a: "alert",                //定义变量 a 的值
            i: "info"                  //定义变量 i 的值

        }
    }
}).mount('#demo')
</script>
```

2.1.4　插入属性值

扫一扫，看视频

不能使用 "{{}}" 语法为 HTML 属性设置动态值，只能使用 v-bind 指令来实现该目标。具体语法格式如下：

> <标签名 **v-bind:属性名**="表达式"></标签名>

简写语法如下：

> <标签名 **:属性名**="表达式"></标签名>

v-bind 指令将标签的属性值与表达式的值绑定在一起，实现动态响应。如果表达式的值为 null 或 undefined，则将忽略该属性的渲染。

提示

　　对于 HTML 规范来说，"v-bind:属性名"和":属性名"都是合法的名称，都能被浏览器正确解析。在最终渲染的 DOM 中，不会出现 "v-bind:属性名"和":属性名"的属性。

【示例 1】下面的示例使用:class="alert"为当前提示框的 class 绑定一个实例变量 alert。当单击按钮时，将改变 alert 的值，同时提示框的 class 也会动态响应，实时更新类样式，呈现不同的提示框效果。

```
<div id="demo">
    <p :class="alert"><button v-on:click="change()" class="btn btn-primary">
    改变提示框的风格</button> </p>
</div>
<script>
Vue.createApp({
    data(){return{alert: "alert alert-info"}},      //定义 alert 的初始值
    methods:{
        change(){                                    //改变提示框风格的方法
            this.alert = "alert alert-danger"        //修改 alert 的值
        }
    }
}).mount('#demo')
</script>
```

【示例 2】对于布尔型属性来说，如果值为 true 或空字符串（""），则标签会包含该属性，否则将忽略该属性。下面的示例为标签 button 的 disabled 属性绑定一个动态值 b，在实

11

例中如果设置 b 为空字符串（""），则按钮将呈现不可用状态。

```
<div id="demo" class="alert alert-info">
<button :disabled="b" class="btn btn-primary">当前按钮不可用</button></div>
<script>
Vue.createApp({
    data(){
        return{b : ""}
    }
}).mount('#demo')
</script>
```

2.1.5　插入属性集

通过不带参数的 v-bind 指令，可以为一个标签快速插入多个属性。具体语法格式如下：

<标签名 **v-bind** ="属性集合"></标签名>

属性集合是一个对象直接量，包含一个或多个属性/属性值的键值对。

【**示例**】下面的示例通过"v-bind ="属性集合""语法快速为<img>标签部署多个属性，演示效果如图 2.4 所示。

```
<div id="demo" class="alert alert-info text-center"> <img v-bind = "attrs">
</div>
<script>
Vue.createApp({
    data(){
        return{
            attrs:{                              //属性集合
                src: "logo.png",                 //定义图像源
                width:300,                       //定义图像的宽度，单位为像素
                class:"img-thumbnail"            //定义图像的缩微图类样式
            }
        }
    }
}).mount('#demo')
</script>
```

图 2.4　快速为<img>标签部署多个属性

2.2　实　例　方　法

除了可以使用 data 选项为实例绑定数据外，Vue.js 也允许为实例定义方法，以增强实例的逻辑处理能力。

扫一扫，看视频

2.2.1　定义实例方法

在 Vue.js 中，定义实例方法可以在实例的 methods 选项中实现。

【示例】以 2.1.3 小节中的示例为基础，为当前应用增加一个求和方法。

```
Vue.createApp({
    data(){return{x:1, y:2}},
    methods:{                              //实例的 methods 选项
        add(){                             //定义求和方法
            return this.x + this.y         //返回当前实例的 x 和 y 的和
        }
    }
}).mount('#demo')
```

在 methods 选项中可以添加多个方法，分别设计不同的逻辑处理任务。

2.2.2　调用实例方法

扫一扫，看视频

调用实例方法有两种方式：使用"{{}}"语法或者使用事件方法。

1．使用"{{}}"语法

【示例 1】以 2.2.1 小节的示例为基础，在当前应用模板中使用"{{}}"语法调用求和方法。

```
<div id="demo" class="alert alert-info">已知 x={{x}}, y={{y}}, 则 x+y={{add()}}
</div>
```

在调用方法时，需要添加小括号语法，表示执行该方法。

2．使用事件方法

【示例 2】继续以示例 1 为基础进行介绍。新增一个实例变量 sum，用于接收求和的值，初始值为"?"。在 HTML 模板中添加一个"求和"按钮，单击"求和"按钮将调用求和方法。改进求和方法，把 x 和 y 的和传递给 sum，同时隐藏"求和"按钮。

```
<div id="demo" class="alert alert-info">已知 x={{x}}, y={{y}}, 则 x+y={{sum}}
    <button v-on:click="add()" class="btn btn-primary">求和</button></div>
<script>
Vue.createApp({
    data(){
        return{x:1, y:2,
            sum:"?"                                 //新增实例变量 sum
        }
    },
    methods:{
        add(){                                      //改进求和方法
            this.sum = this.x + this.y;             //把 x 和 y 的和传递给 sum
            document.querySelector(".btn").style.display = "none"
                                                    //隐藏"求和"按钮
        }
    }
}).mount('#demo')
</script>
```

在 Vue.js 中，绑定事件需要使用 v-on 指令，指令后缀 ":click" 表示绑定的事件类型，事件处理函数 add() 以字符串的形式进行调用。本示例的演示效果如图 2.5 所示。

图 2.5　使用事件方法调用实例方法

扫一扫，看视频

2.2.3　设置参数

Vue.js 允许为实例方法设置参数，用法与 JavaScript 函数的参数用法相同，即在实例的 methods 选项中定义方法，并定义形参，然后在调用方法时，直接传递实参即可。

【示例】假设对 2.2.2 小节的示例 1 进行修改，不再通过 this.x 和 this.y 来传递变量，而是直接通过参数来实现传递，这样设计就显得更灵活。

```
<div id="demo" class="alert alert-info">已知 x={{x}}, y={{y}}, 则 x+y={{add(x,
y)}} </div>
<script>
Vue.createApp({
    data(){return{x:1, y:2}},
    methods:{
        add(x, y){                              //设置求和方法的形参
            return x + y                         //直接返回参数之和
        }
    }
}).mount('#demo')
</script>
```

在调用方法时，通过实参的形式把变量的参数传入进去，然后进行求和，这样使程序设计更具通用性。

扫一扫，看视频

2.2.4　在方法中调用其他实例方法

由于受到 Vue.js 实例作用域的限制，用户不可以在 methods 选项的一个方法中直接调用另一个方法。要实现实例方法的相互调用，需要使用下面的语法格式来实现。

```
this.$options.methods.被调用方法名()
```

【示例】以 2.2.3 小节中的示例为例，为实例新增一个检测方法，用于检测指定方法的实参个数与形参个数是否一致，如果不一致，则抛出错误。在求和方法中调用该方法，先对参数进行检测，只有当满足条件之后，才执行求和操作。

```
Vue.createApp({
    data(){return{x:1, y:2}},
    methods:{
        add(x, y){
            //根据 arguments 来检测当前实例方法的实参和形参个数是否一致
            this.$options.methods.checkArg(arguments);//调用本实例的参数检测方法
            return x + y
        },
```

```
            checkArg(a){                          //检测方法的实参与形参个数是否一致
                if(a.length != a.callee.length)//如果实参与形参个数不一致，则抛出错误
                    throw new Error("实参和形参不一致");
                }
        }
}).mount('#demo')
```

2.3 指 令

在 Vue.js 模板中，指令就是带有 "v-" 前缀的 HTML 自定义属性，它的格式完全符合 HTML 语法规范。指令封装了常用的 DOM 行为，并且会根据不同的值把数据绑定到 DOM，或者执行简单的 DOM 操作。

2.3.1 定义指令

扫一扫，看视频

指令的作用是在指令值（JavaScript 表达式）发生变化时，响应式地更新 DOM。定义指令的语法格式如下：

<标签名 **v-指令名**= "JavaScript 表达式" ></标签名>

指令名是固定的。大部分指令的值为 JavaScript 表达式。有些指令不包含值，如 v-else、v-pre、v-once、v-cloak。v-for 指令的值只能包含固定格式的代码，v-on 指令的值只能包含事件处理函数。

 注意

为了符合 HTML 语法规范，指令的值必须被引号包裹，以字符串型显示。在指令的值中，可以与当前 Vue.js 实例的属性进行绑定，如调用 methods 选项中的方法、引用 data 选项中的变量等，因此指令的值属于当前实例的作用域。

提示

指令是 Vue.js 模板中最基本的功能，实际上是一种 JavaScript 语法糖，或者是一种 HTML 标志位，它把 HTML 属性作为有对应值的暗号。在编译阶段，Vue.js 的 render()函数会把指令编译成 JavaScript 代码。

【示例】 在下面的示例中设计两段文本，使用 v-if 指令定义当前段落文本是否可见。第 1 个 v-if 指令的值 see 为实例变量，变量 see 的值为 true，所以第 1 段文本显示；第 2 个 v-if 指令的值为表达式 "!see"，运算结果为 false，所以第 2 段文本被隐藏。

```
<div id="demo">
    <p v-if="see">当前段落文本内容可见。</p>
    <p v-if="!see">当前段落文本内容不可见。</p>
</div>
<script>
Vue.createApp({                              //创建一个应用程序实例
    data(){                                  //该函数返回数据对象
        return{
            see:true                         //定义实例变量 see 的值为 true
```

15

```
        }
    }
})).mount('#demo')                          //在 DOM 上装载实例的根组件
</script>
```

2.3.2　设置参数

　　一些指令可以接收参数，用于设置指令的具体任务。参数通过冒号前缀附加在指令名之后，具体语法格式如下：

```
<标签名 v-指令名:参数 = "JavaScript 表达式"></标签名>
```

　　参数多用于 v-bind 和 v-on 指令中，在 v-bind 中用于指定要绑定的 HTML 属性，在 v-on 中用于指定要绑定的事件类型。

　　【示例 1】下面的示例使用 v-bind 指令响应式更新 HTML 超链接属性。这里通过":href"参数设置 v-bind 指令，将<a>标签的 href 属性与表达式 url 的值绑定，定义响应式 HTML 属性。

```
<div id="demo"> <a v-bind:href="url">{{site}}</a> </div>
<script>
Vue.createApp({                             //创建一个应用程序实例
    data(){                                 //该函数返回数据对象
        return{
            site: "百度",                    //定义网站名称变量
            url: "https://www.baidu.com/"   //定义网站的 URL 变量
        }
    },
})).mount('#demo')                          //在 DOM 上装载实例的根组件
</script>
```

　　【示例 2】下面的示例使用 v-on 指令响应式更新 HTML 事件属性。这里通过":click"参数设置 v-on 指令将监听的 DOM 事件类型，这样当单击<a>标签时，将触发 onclick 事件，调用 go()方法，跳转到 url 指定的页面。

```
<div id="demo"> <a v-on:click="go">{{site}}</a> </div>
<script>
Vue.createApp({                             //创建一个应用程序实例
    data(){                                 //该函数返回数据对象
        return{
            site: "百度",                    //定义网站名称变量
            url: "https://www.baidu.com/"   //定义网站的 URL 变量
        }
    },
    methods:{go(){window.location.href = this.url}}
})).mount('#demo')                          //在 DOM 上装载实例的根组件
</script>
```

2.3.3　动态参数

　　从 Vue.js 2.6.0 版本开始，可以定义动态参数。其语法格式如下：

```
<标签名 v-指令名:[JavaScript 表达式] = "JavaScript 表达式" ></标签名>
```

使用方括号包含一个 JavaScript 表达式，Vue.js 会对 JavaScript 表达式进行动态求值，求得的值将会作为最终的参数名来使用。

 提示

动态参数方便用户灵活设置参数名，但是在使用时需要注意以下问题。

（1）表达式的值必须是一个字符串或 null。null 表示移除该绑定。

（2）表达式不能包含空格、引号等特殊字符，因为它们无法用在 HTML 属性名中。如果要设计复杂的动态参数，可以考虑使用计算属性替换复杂的 JavaScript 表达式。

（3）当 Vue.js 模板直接写在 HTML 文件中时，表达式不要包含大写字母，因为浏览器会强制将其转换为小写。但在单文件组件的模板中可以不受该限制。

【示例】下面的示例在\<button>标签中通过 "v-bind:[cla]" 语法绑定动态参数。指令的值为表达式 "\"btn btn-\" + name[n]"，返回一个复合类样式的字符串。n 的值为 0～7 的一个随机整数，这样每次显示时，会随机呈现不同的按钮类样式，演示效果如图 2.6 所示。

```html
<div id="demo">
    <button type="button" v-bind:[cla]='"btn btn-" + name[n]'>
    {{show_name()}}</button>
</div>
<script>
Vue.createApp({                                    //创建一个应用程序实例
    data(){                                        //该函数返回数据对象
        return{
            n: Math.floor(Math.random()*8),        //值为 0～7 的一个随机整数
            cla:"class",                           //定义类名
            name:["primary","secondary","success","danger","warning",
            "info","light","dark"]
        }
    },
    methods:{
        show_name(){                               //返回首字母为大写的类名字符串
            return this.name[this.n].slice(0,1).toUpperCase()+this
            .name[this.n].slice(1).toLowerCase()
        }
    }
}).mount('#demo')                                  //在 DOM 上装载实例的根组件
</script>
```

图 2.6　随机呈现不同的按钮类样式

2.3.4　设置修饰符

一些指令可以附加修饰符，设置以特殊的方式绑定指令。具体语法格式如下：

<标签名 **v-指令名**:参数.修饰符 = "JavaScript 表达式" ></标签名>

扫一扫，看视频

以点号为前缀，附加在参数后面。

修饰符多用于 v-on 指令中，用于为事件添加事件对象的方法。

【示例】下面的示例通过".prevent"修饰符设置 v-on 指令对触发的事件调用 event .preventDefault()方法，禁止<a>标签的默认行为，即不再执行跳转页面操作，仅是显示一个提示信息，显示效果如图 2.7 所示。如果没有".prevent"修饰符，则单击超链接之后，会先提示信息，关闭信息提示框后，再执行默认行为，跳转到百度首页。

```
<div id="demo"> <a v-bind:href="url" v-on:click.prevent="no()">{{site}}</a>
</div>
<script>
let vm = Vue.createApp({                        //创建一个应用程序实例
    data(){                                     //该函数返回数据对象
        return{
            site: "百度",                        //定义网站名称变量
            url: "https://www.baidu.com/"        //定义网站的 URL 变量
        }
    },
    methods:{                                   //定义提示函数
        no(){alert("禁止跳转")}
    }
}).mount('#demo')                                //在 DOM 上装载实例的根组件
</script>
```

图 2.7　使用修饰符禁止超链接跳转

扫一扫，看视频

2.3.5　缩写指令

"v-"前缀作为一种标识符号，主要用于标识 Vue.js 模板的指令。对于一些常用指令来说，频繁地输入这两个字符会比较烦琐；同时，在构建单页 Web 应用时，由于 Vue.js 全程管理所有模板，所以"v-"前缀也变得不重要了，这里 Vue.js 为几个常用指令提供了缩写语法。

1．v-bind

v-bind 指令常用于绑定动态属性值，因此在缩写语法中，v-bind 指令被完全省略。简写语法格式如下：

```
<标签名 :属性名 = "JavaScript 表达式" ></标签名>
```

对应的完整语法格式如下：

```
<标签名 v-bind:属性名 = "JavaScript 表达式" ></标签名>
```

2. v-on

v-on 指令常用于绑定动态事件处理函数，但是为了与 v-bind 缩写指令进行区分，在缩写语法中，v-on 指令也被省略，同时把参数前缀替换为 "@" 字符。简写语法格式如下：

```
<标签名 @事件类型名 = "事件处理函数" ></标签名>
```

对应的完整语法格式如下：

```
<标签名 v-on:事件类型名 = "事件处理函数" ></标签名>
```

3. v-slot

v-slot 指令用于声明具名插槽，在复杂的应用中会经常用到，因此在缩写语法中，省略 v-slot 指令名，同时把参数前缀替换为 "#" 字符。简写语法格式如下：

```
<模板名 #插槽名></模板名>
```

对应的完整语法格式如下：

```
<模板名 v-slot:插槽名></模板名>
```

提示

使用 ":" "@" 和 "#" 作为 HTML 属性名前缀，符合规范，所有浏览器均能正确解析，而且它们不会出现在最终渲染的标记中。

2.4　生 命 周 期

2.4.1　认识生命周期

Vue.js 实例从创建到销毁是一个完整的生命周期，包括创建实例、初始化数据、编译模板、将实例组件挂载到 DOM、在数据变化时更新 DOM、卸载实例等。只有了解了生命周期，才能在项目开发中准确判断什么时候该做什么事情，以便很好地控制页面。

在实例的整个生命周期中，Vue.js 提供了一系列的事件，方便开发者在实例生命周期的不同阶段添加函数，这些函数称为生命周期函数，又称为钩子函数或回调函数。通过生命周期函数，开发者有机会在特定阶段运行自定义代码，为应用项目实现个性化定制。

Vue.js 生命周期可以分为 8 个阶段：创建前后、挂载前后、更新前后、销毁前后，另外还包括一些特殊场景的生命周期。具体说明如下，示意图如图 2.8 所示。

- beforeCreate：实例被创建之前。
- created：实例被创建之后。
- beforeMount：实例组件被挂载到 DOM 上之前。
- mounted：实例组件被挂载到 DOM 上之后。
- beforeUpdate：实例数据更新之前。
- updated：实例数据更新之后。
- beforeUnmount：实例销毁之前。
- unmounted：实例销毁之后。

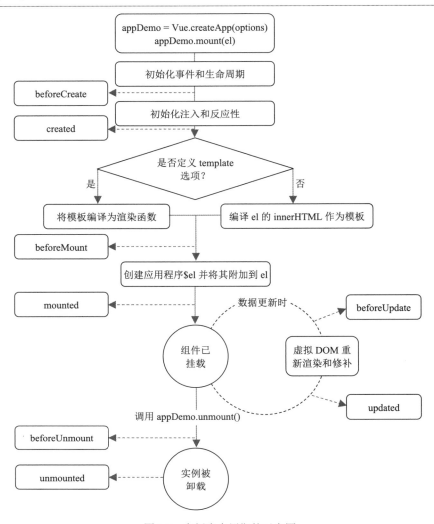

图 2.8 实例生命周期的示意图

生命周期函数与 data 选项类似，作为可选选项部署到 Vue.js 实例中。同时，生命周期函数内的 this 指向的是调用它的 Vue.js 实例，这样可以方便访问实例的数据和方法。具体语法格式如下：

```
let appDemo = Vue.createApp({
    data(){return{}},
    //生命周期函数列表，不分先后顺序
    beforeCreate(){                          //this === appDemo  },
    created(){                               //this === appDemo  },
    beforeMount(){                           //this === appDemo  },
    mounted(){                               //this === appDemo  },
    beforeUpdate(){                          //this === appDemo  },
    updated(){                               //this === appDemo  },
    beforeUnmount(){                         //this === appDemo  },
    unmounted(){                             //this === appDemo  },
    //其他生命周期函数
})
appDemo.mount('#app')
```

> **📢注意**
>
> 不要使用箭头函数定义生命周期函数，如 created:()=>console.log(this.a)，或 vm.\$watch('a',newValue=> this.myMethod())。因为箭头函数没有 this，这样容易导致各种错误。

2.4.2 使用 beforeCreate()函数和 created()函数

beforeCreate()函数在实例初始化之前调用，这时实例的 props 选项已解析，可以访问 props 数据。但是实例的 data 和 computed 等选项还未处理，因此不能访问实例的 this，以及实例的数据和方法。同时不能访问实例中的 DOM 视图元素。

created()函数在实例化成功后调用，这时可以访问实例的 this，以及实例的数据和函数等，但不能访问实例中的 DOM 视图元素。

【示例】下面的示例简单演示 beforeCreate()函数和 created()函数的使用方法。

```
<div id="demo"> <h1 id="title">组件标题</h1> </div>
<script>
    Vue.createApp({                             //创建一个应用程序实例
        data(){                                 //该函数返回数据对象
            return{age: 18}
        },
        methods:{
            showMessage(){console.log(this.age)}
        },
        beforeCreate(){
            console.log('beforeCreate')
            //console.log(this.age)              //无效访问
            //this.showMessage()                 //无法调用
            //console.log(document.getElementById('title').innerHTML)
                                                 //不能访问
        },
        created(){
            console.log('created')
            console.log(this.age)                //可以访问
            this.showMessage()                   //可以调用
            //console.log(document.getElementById('title').innerHTML)
                                                 //不能访问
        },
    }).mount('#demo')                            //在指定 DOM 元素上装载实例根组件
</script>
```

2.4.3 使用 beforeMount()函数和 mounted()函数

beforeMount()函数在实例视图被渲染之前调用，可以访问实例的数据、方法、计算属性等，但不能访问实例中的 DOM 视图元素。

mounted()函数在实例视图被渲染之后调用，可以访问实例的数据、函数、计算属性等，也可以访问实例中的 DOM 视图元素。

【示例】created()函数是在实例创建完成后立即调用。在这一步，实例已经完成了数据的观测、属性和方法的运算，以及 watch/event 事件的回调。然而，挂载阶段还没开始，所以不能操作 DOM 元素，created()函数多用于初始化数据和方法。mounted()函数是在模板渲染成 HTML 后调用，通常是初始化页面完成后，再对 HTML 的 DOM 节点进行一些操作。

```
<div id="demo">
    <ul>
        <li id="name"></li>
        <li id="age"></li>
    </ul>
</div>
<script>
Vue.createApp({                                   //创建一个应用程序实例
    data(){                                       //在 data()函数中返回数据对象
        return{name: '',  age: 0}
    },
    methods:{                                     //在 methods 选项中定义方法
        new_age(age){this.age = age}
    },
    created: function(){
        this.name = "张三";                        //初始化数据
        this.age = 18;                            //初始化数据
        this.new_age(20);                         //初始化方法
    },
    mounted: function(){                          //对 DOM 进行初始化操作
        document.getElementById("name").innerHTML = this.name;
        document.getElementById("age").innerHTML = this.age;
    }
}).mount('#demo')                                 //在 DOM 元素上装载实例根组件
</script>
```

扫一扫，看视频

2.4.4 使用 beforeUpdate()函数和 updated()函数

beforeUpdate()函数在实例数据发生变化时及实例视图重新渲染之前调用。可以访问实例数据、函数、计算属性等，也可以访问实例在更新之前的 DOM 视图元素，但是不能访问实例在更新之后的 DOM 视图元素。

updated()函数在数据发生变化时、实例视图重新渲染之后调用。可以访问实例数据、函数、计算属性等，不可以访问实例在更新之前的 DOM 视图元素，但是可以访问实例在更新之后的 DOM 视图元素。

【示例】在执行完 mounted()函数之后，实例已经脱离创建阶段，进入运行阶段。此时，当对实例的 data 进行修改时，会触发 beforeUpdate()函数和 updated()函数。在本示例中，当单击"递增"按钮时对 data 中的属性 n 进行修改，在执行 beforeUpdate()函数时，页面上的数据还是旧值，而 data 中的属性 n 已经为新值。当 updated()函数执行时，页面上和 data 中的数据已经完成了同步，都显示新值，演示效果如图 2.9 所示。

```
<div id="demo">
    <p><input id="text" v-model="n"/>
        <button v-on:click="add()" class="btn btn-primary">递增</button>
    </p>
    <p id="n1"></p>
    <p id="n2"></p>
</div>
```

```
<script>
Vue.createApp({                                    //创建一个应用程序实例
    data(){                                         //该函数返回数据对象
        return{n: 0}
    },
    methods:{                                       //新增递增方法，修改变量 n 的值
        add(){this.n += 1}
    },
    beforeUpdate: function(){                        //更新前调用
        document.getElementById("n1").innerHTML = "更新前: this.n=" +
        this.n + ", 文本框的值=" + document.getElementById("text").value;
    },
    updated: function(){                             //更新后调用
        document.getElementById("n2").innerHTML = "更新后: this.n=" +
        this.n + ", 文本框的值=" + document.getElementById("text").value;
    }
}).mount('#demo')                                    //在 DOM 元素上装载实例的根组件
</script>
```

图 2.9　比较使用 beforeUpdate()函数和 updated()函数

2.4.5　使用 beforeUnmount()函数和 unmounted()函数

beforeUnmount()函数在实例被卸载之前调用，可以访问实例的数据、方法、计算属性等，也可以访问实例中的 DOM 视图元素。

unmounted()函数在实例被卸载之后调用，可以访问实例的数据、方法、计算属性等，但是不可以访问实例中的 DOM 视图元素。一般在该生命周期函数里，可以手动清理一些变量，如计时器、DOM 事件监听器或者与服务器的连接。

当实例的 unmount()函数被调用时，首先会执行 beforeUnmount()函数，然后再执行实例自身的一些清理逻辑，如递归销毁子组件，进而把组件下面的 DOM 全部移除。因此，当执行 beforeUnmount()函数时，可以访问组件内部的 DOM，如果应用的代码逻辑依赖 DOM，那么就必须在 beforeUnmount()函数中执行。

 注意

Vue.js 只能在 unmount()函数中做一些组件自身的内存清理，对于用户自定义操作所占用的内存是不会清理的。

【示例】通常会利用 beforeUnmount()函数或 unmounted()函数主动执行一些清理操作，常见应用场景包括定时器、全局注册事件和第三方库。本示例在 mounted()函数中使用 setInterval()创建了一个定时器 timer，如果组件被销毁了，这个定时器是不会主动销毁的，因此容易造成内存泄漏，需要在 beforeUnmount()函数中主动清理定时器。

```
<div id="demo">
    <input id="text" v-model="n"/>
    <button onclick="unmount()" class="btn btn-primary">关闭定时器</button>
</div>
<script>
let vm = Vue.createApp({                      //创建一个应用程序实例
    data(){                                   //该函数返回数据对象
        return{
            timer: null,                      //定时器变量
            n: 0                              //计时器变量
        }
    },
    mounted: function(){                      //当组件被挂载时，启动定时器
        this.timer = setInterval(()=>{
            this.n ++
        }, 1000)
    },
    beforeUnmount: function(){                //在组件被卸载之前，关闭定时器
        clearInterval(this.timer)
    }
})
vm.mount('#demo')                            //在 DOM 上装载实例的根组件
let unmount = function(){
    vm.unmount()
}
</script>
```

2.5　案例实战

扫一扫，看视频

2.5.1　数字加减游戏

【案例】本案例在页面中设计 3 个按钮，其中左、右两个按钮用于控制数字递减、递加，中间一个按钮用于显示数字变化，演示效果如图 2.10 所示。

（1）新建 HTML 文档，在文档头部引入 Vue.js 和 Bootstrap 库文件。在页面中新建一个<div>标签作为 Vue.js 实例的挂载根节点，并在 JavaScript 中创建 Vue.js 实例。Vue.js 实例需要定义 data、methods 属性。

图 2.10　设计简单的数字加减游戏

（2）在 data 选项中定义数据：如 num 用于计数。在 methods 选项中添加两个方法：add 用于加法运算，sub 用于减法运算。使用 v-text 指令将 num 设置为<button>标签的显示文本。使用 v-on 指令分别将 add 和 sub 方法绑定到"++"和"--"按钮上。

（3）在 add 方法中，递加的逻辑为小于 30 时递加，否则提示信息；在 sub 方法中，递减的逻辑为大于 0 时递减，否则提示信息。主要代码如下：

```
<div id="demo">
    <div class="input-null">
        <button @click="sub" class="btn btn-light btn-lg">--</button>
```

```
            <button v-text="num" class="btn btn-danger btn-lg" ></button>
            <button @click="add" class="btn btn-light btn-lg">++</button>
        </div>
    </div>
    <script>
    Vue.createApp({                                    //创建一个应用程序实例
        data(){
            return{num: 1}                             //定义本地计数变量，初始值为1
        },
        methods:{
            add: function(){                           //递加方法
                if(this.num < 30){                     //小于 30 时递加，否则提示信息
                    this.num++
                }else{alert("已达到递加要求，无须再递加!")}
            },
            sub: function(){                           //递减方法
                if (this.num > 0){                     //大于 0 时递减，否则提示信息
                    this.num--
                }else{alert("已达到递减要求，无须再递减!")}
            }
        }
    }).mount('#demo')                                  //在 DOM 上装载实例的根组件
    </script>
```

2.5.2 设计计时器

【**案例**】本案例设计一个简单的计时器，当单击"开始"按钮时，将开始计时，中途单击"停止"按钮时，暂停计时，再次单击"开始"按钮可以继续计时，演示效果如图 2.11 所示。

图 2.11 设计简单的计时器

在 data 选项中定义实例变量和初始值。在 methods 选项中定义两个方法，使用 this 访问实例变量。在 startTimer 方法中，设置 isTimerOn 为 true，调用 setInterval()方法启动定时器，设计每秒更新一次 time 的值；在 stopTimer 方法中，设置 isTimerOn 为 false，调用 clearInterval() 方法清除定时器，停止计时器。

```
<div id="demo">
    <h1 class="alert alert-danger">{{time}}</h1>
    <button v-if="!isTimerOn" @click="startTimer" class="btn btn-success">
    开始</button>
    <button v-if="isTimerOn" @click="stopTimer" class="btn btn-danger">停止
    </button>
</div>
<script>
```

```
Vue.createApp({                                      //创建一个应用程序实例
    data(){
        return{
            time: 0,                                  //计时器初始值为 0
            isTimerOn: false,                         //计时器初始状态为关闭
            timer: null                               //计时器句柄变量
        }
    },
    methods:{
        startTimer: function(){                       //开始计时函数
            this.isTimerOn = true;                    //隐藏"开始"按钮
            this.timer = setInterval(() =>{this.time++}, 1000);
                                                      //启动计时器
        },
        stopTimer: function(){                        //停止计时函数
            this.isTimerOn = false;                   //隐藏"停止"按钮
            clearInterval(this.timer);                //清除计时器
        }
    }
}).mount('#demo')                                     //在 DOM 上装载实例的根组件
</script>
```

2.5.3 生命周期在全局事件中的应用

扫一扫，看视频

有时需要在组件中监听全局事件，这时就可以在生命周期函数 mounted()中执行监听。例如，定义 resize 全局事件，设计当窗口大小改变时，执行事件处理函数 reset。但是，如果组件被销毁了，这个全局事件是不会主动卸载的。因此，需要在 beforeUnmount()或 unmounted()函数中主动注销事件。

【**案例**】本案例定义一个绝对定位的盒子，初始宽度为 100%，高度为 80%，设计"关闭组件，停止动态响应"按钮。当窗口高度改变时，盒子的高度跟随窗口始终保持 80%的高度显示，而当单击该按钮后，停止响应 resize 事件，则盒子不再跟随窗口实时保持 80%的高度显示，演示效果如图 2.12 所示。

```
<div id="box">请拖动窗口上下边框，改变窗口高度，看看效果; <br>然后，单击按钮，关闭组件，
    再试一试</div>
<div id="demo">
    <button onclick="unmount()" class="btn btn-primary">关闭组件，停止动态响应
    </button>
</div>
<script>
let vm = Vue.createApp({                              //创建一个应用程序实例
    mounted: function(){                              //组件挂载后调用
        window.addEventListener('resize', this.reset) //注册 resize 监听事件
    },
    beforeUnmount: function(){                        //组件卸载前调用
        window.removeEventListener('resize', this.reset)//注销 resize 监听事件
    },
    methods:{
        reset: function(){                            //注册事件处理函数，动态调整盒子大小
            let box = document.getElementById("box")  //获取盒子的引用指针
```

```
            box.style.height = this.h() * 0.8 + "px";
        },
        h: function(){                              //获取窗口高度
            if (window.innerHeight)                 //兼容 DOM
                return window.innerHeight;
            else if((document.body) && (document.body.clientHeight))
                                                    //兼容 IE
                return document.body.clientHeight;
        },
    }
})
vm.mount('#demo')                                   //在 DOM 上装载实例的根组件
let unmount = function(){                            //关闭组件的全局函数
    vm.unmount()
}
</script>
```

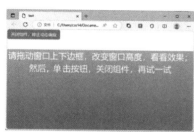 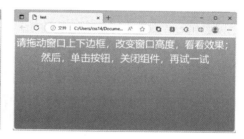

图 2.12　生命周期在全局事件中的应用

注意

在注册监听事件时，不能使用匿名函数，因为 addEventListener 和 removeEventListener 监听的事件函数需要指向同一个函数指针。

2.5.4　制作学习卡片

扫一扫，看视频

【案例】本案例将带领读者制作一张学习卡片，作为座右铭激励自己。同时，通过本案例的学习，掌握如何把一个 HTML 静态页面转换为 Vue.js 响应式页面。

（1）打开本案例的模板页面 temp.html，另存为 test.html。

（2）在页面头部区域导入 Vue.js 库文件。

```
<script src="vue.js/vue.global.3.3.41.js"></script>
```

（3）在 JavaScript 脚本中把静态页面中的个人信息转换为信息集合，保存到变量 info 中。新增变量 n，作为打卡计数器，初始值为 0。

```
let info ={
    name: "江小白",
    photo: "img_avatar.png",
    title: "现在是开始，也是毕业的倒计时。",
    subtitle: "上课不走神，练习不打折，我是江小白，学习赛道上的战斗机！欧耶！",
    n: 0
}
```

（4）把上述动态信息绑定到 Vue.js 模板中。通过@click 指令为 3 个按钮图标绑定响应方法，为"打卡"按钮增加计数功能：@click="n++"。代码如下：

```
<h2 style="text-align:center">学习卡片</h2>
<div class="card"> <img :src="photo" :alt="name" style="width:100%">
    <div class="container">
        <h1>{{name}}</h1>
        <p class="title">{{title}}</p>
        <p>{{subtitle}}</p>
        <div style="margin: 24px 0; "> <a href="#"><i @click="weibo"
        class="fa fa-weibo"></i></a> <a @click="weixin" href="#"><i class=
        "fa fa-weixin"></i></a> <a @click="qq" href="#"><i class="fa fa-
        qq"></i></a></div>
        <p><button @click="n++" class="btn btn-info btn-lg">打卡: {{n}}
        </button></p>
    </div>
</div>
```

（5）创建 Vue.js 实例，把个人信息传递给 data 选项，在 methods 选项中定义 3 个按钮图标的响应方法。最后把实例挂载到<div class="card">标签上。

```
Vue.createApp({                              //创建一个应用程序实例
    data(){return info},                     //把个人信息传递给 data 选项
    methods:{                                //定义 3 个按钮图标的响应方法
        weibo(){alert("即将跳转到微博主页面! ")},
        weixin(){alert("即将打开微信 App! ")},
        qq(){alert("即将打开 QQ 窗口! ")},
    }
}).mount('.card')                            //在 DOM 上装载实例的根组件
```

演示效果如图 2.13 所示。有关本案例模板页和效果页请参考本小节示例源代码。

图 2.13　制作学习卡片

2.6 本 章 小 结

本章主要讲解了 Vue.js 的基本语法，包括插值、实例方法、指令基本语法、Vue.js 生命周期及其函数。其中，插值包括插入文本、HTML 字符串、表达式、属性值和属性集合 5 种形式；指令基本语法包括指令名、参数、修饰符和缩写形式；Vue.js 生命周期函数包含 8 个，分别为 beforeCreate()、created()、beforeMount()、mounted()、beforeUpdate()、updated()、beforeUnmount()、unmounted()。

2.7 课 后 习 题

一、填空题

1．在 Vue.js 模板中使用_____语法可以动态插入一个值。

2．使用_____指令可以为 HTML 属性设置动态值，使用_____指令可以在 Vue.js 模板中嵌入动态的 HTML 代码。

3．在 Vue.js 中定义方法可以在实例的_____选项中实现，通过实例的_____选项可以为实例设置动态数据。

4．在 Vue.js 模板中，指令就是带有_____前缀的 HTML 自定义属性。

5．Vue.js 使用_____函数可以创建一个实例，通过实例的_____方法可以把组件挂载到页面 DOM 中。

二、判断题

1．使用"{{变量}}"语法可以在 HTML 中绑定属性值。　　　　　　　　　（　　　）

2．使用 v-html 指令可以在 Vue.js 模板中嵌入动态的 HTML 代码。　　　（　　　）

3．"{{ }}"可以包含 JavaScript 表达式或语句。　　　　　　　　　　　（　　　）

4．Vue.js 生命周期可以分为 8 个阶段：创建前后、挂载前后、更新前后、销毁前后。

　　　　　　　　　　　　　　　　　　　　　　　　　　　　　　　　（　　　）

5．在生命周期函数内，this 指向的是全局对象，方便访问全局属性或方法。　（　　　）

三、选择题

1．（　　　）指令可以包含值。

　　A．v-else　　　　　　B．v-pre　　　　　　C．v-once　　　　　　D．v-for

2．（　　　）指令的值只能包含函数。

　　A．v-if　　　　　　　B．v-on　　　　　　C．v-bind　　　　　　D．v-for

3．一些指令可以接收参数，参数通过（　　　）前缀附加在指令名之后。

　　A．:　　　　　　　　B．#　　　　　　　　C．.　　　　　　　　D．@

4．（　　　）语法格式是 v-on 指令的简写语法。

　　A．<标签名 :属性名="值" >　　　　　　　B．<标签名 .属性名="值" >

　　C．<标签名 @属性名="值" >　　　　　　　B．<标签名 #属性名="值" >

5．（ ）方法在组件挂载到实例上之后被自动执行。

    A．beforeCreate()   B．updated()   C．created()   D．mounted()

四、简答题

1．简单介绍 Vue.js 实例的运行周期。

2．什么是插值？它有哪些形式？

五、编程题

1．在页面中插入 2 个文本框和 1 个按钮，使用 Vue.js 编写程序。要求用户输入 2 个数字，然后比较大小并输出提示，演示效果如图 2.14 所示。提示，使用 v-model 指令为文本框绑定动态数据，可以实现双向响应。

图 2.14　演示效果

2．在页面中插入 1 个标题和 1 个按钮，使用 Vue.js 编写程序。要求单击按钮，可以把标题字符串进行翻转显示。

第3章 使用指令

【学习目标】

- 熟悉内容渲染指令和属性绑定指令。
- 灵活使用条件渲染指令和列表渲染指令。
- 能够把常用 DOM 操作功能自定义为指令。

Vue.js 3 内置了 15 个指令，按用途不同可以分为 6 类：内容渲染指令、属性绑定指令、条件渲染指令、列表渲染指令、事件绑定指令和双向绑定指令。另外，用户也可以自定义指令，对 Vue.js 指令集进行扩展。第 2 章介绍过指令的语法形式，本章将重点介绍 Vue.js 内置指令的使用，以及如何自定义指令。其中，事件绑定指令、属性绑定指令的:style 和:class 以及双向绑定指令将在第 5 章和第 6 章中详细讲解。

3.1 内容渲染指令

内容渲染指令用于辅助开发者渲染 DOM 的文本内容。常用内容渲染指令包括 2 个：v-text 和 v-html。另外，"{{ }}"语法也负责内容渲染。

扫一扫，看视频

3.1.1 v-text 指令

v-text 指令可以更新元素的文本内容。语法格式如下：

```
<标签名 v-text="字符串型表达式"></标签名>
```

等效于：

```
<标签名>{{字符串型表达式}}</标签名>
```

提示

v-text 指令通过设置元素的 textContent 属性来工作，因此它将覆盖元素包含的所有内容。如果只需更新元素的部分文本内容，建议使用"{{ }}"语法来实现。语法格式如下：

```
<标签名>其他文本内容{{字符串型表达式}}其他文本内容</标签名>
```

【示例】下面的示例比较 v-text 和"{{ }}"的用法和效果的不同，如图 3.1 所示。从图 3.1 中可以看到，v-text 指令会覆盖掉<p>标签包含的所有文本和子标签内容。

```
<div id="demo" class="alert alert-info">
    <p v-text="msg">默认文本内容<span>包含的子标签内容</span></p>
    <p>默认文本内容{{msg}}</p>
</div>
<script>
Vue.createApp({                                    //创建 Vue.js 应用
```

```
    data(){                              //定义应用的数据选项
        return {                         //返回实例的数据集
            msg: 'v-text 指令'           //定义变量 msg 的值
        }
    }
})).mount('#demo')                       //绑定应用到 HTML 标签上
</script>
```

图 3.1　比较 v-text 和 "{{ }}" 的用法和效果

扫一扫，看视频

3.1.2　v-html 指令

v-html 指令可以更新元素的 innerHTML 内容。语法格式如下：

```
<标签名 v-html="字符串型表达式"></标签名>
```

注意

v-html 的内容在直接作为普通 HTML 字符串插入时，如果返回的字符串中包含 Vue.js 模板语法，是不会被解析的。

【示例】 下面的示例试图在 v-html 的内容中嵌入 Vue.js 模板语法，演示效果如图 3.2所示。

```
<div id="demo" class="alert alert-info">
    <p v-html="html"></p>
</div>
<script>
Vue.createApp({                          //创建 Vue.js 应用
    data(){                              //定义应用的数据选项
        return{                          //返回实例的数据集
            html: '<h1 style="color:red">{{title}}</h1>',
                                         //在 HTML 中包含 Vue.js 模板语法
            title: "嵌入的标题名称"
        }
    }
})).mount('#demo')                       //绑定应用到 HTML 标签上
</script>
```

图 3.2　v-html 指令的错误用法

提示

如果打算用 v-html 指令来编写模板，建议使用组件来代替。在单文件组件中，组件样式将不会作用于 v-html 内容，因为 HTML 内容不会被 Vue.js 的模板编译器解析。

3.1.3　v-once 指令

v-once 指令定义只渲染元素或组件一次。随后的渲染，使用了该指令的元素、组件及其所有的子节点，都会当作静态内容并跳过。该指令主要用于优化网页渲染性能。

v-once 指令没有值，类似于 HTML 的布尔值属性。语法格式如下：

```
<标签名 v-once></标签名>
```

【示例】在下面的示例中，当修改 input 输入框的值时，使用了 v-once 指令的 p 元素不会随之改变，而第 2 个 p 元素会随着输入框的内容而改变，演示效果如图 3.3 所示。

```
<div id="demo" class="alert alert-info">
    <p v-once>{{info}}</p>
    <p>{{info}}</p>
    <p><input v-model="info" class="form-control"></p>
</div>
<script>
Vue.createApp({                             //创建 Vue.js 应用
    data(){                                 //定义应用的数据选项
        return{info: "默认信息"}
    }
}).mount('#demo')                           //绑定应用到 HTML 标签上
</script>
```

图 3.3　v-once 指令比较演示效果

3.1.4　v-pre 指令

v-pre 指令定义跳过该元素及其所有子元素的编译，元素内所有 Vue.js 模板语法都会被保留并按原样渲染。v-pre 指令没有值，类似于 HTML 的布尔值属性。语法格式如下：

```
<标签名 v-pre></标签名>
```

【示例】下面的示例设计第 1 个 p 元素使用了 v-pre 指令，结果直接显示"{{info}}"，而第 2 个 p 元素会显示动态内容，演示效果如图 3.4 所示。

```
<div id="demo" class="alert alert-info">
    <p v-pre>{{info}}</p>
    <p>{{info}}</p>
```

```
</div>
<script>
Vue.createApp({                          //创建 Vue.js 应用
    data(){                              //定义应用的数据选项
        return{info: "动态信息"}
    }
}).mount('#demo')                        //绑定应用到 HTML 标签上
</script>
```

图 3.4　v-pre 指令比较演示效果

3.1.5　v-cloak 指令

　　当直接在 DOM 中编写 Vue.js 模板时，浏览器可能会出现屏闪现象，即显示还没编译完成的双大括号标签，直到将它们替换为实际渲染的内容。

　　v-cloak 指令专门用于解决上述问题，隐藏尚未完成编译的 Vue.js 模板。v-cloak 指令没有值，类似于 HTML 的布尔值属性。语法格式如下：

```
<标签名 v-cloak></标签名>
```

注意

　该指令只需在没有构建步骤的环境下使用。

　　【示例】v-cloak 指令需要与[v-cloak]{ display: none}的 Vue.js 样式配合使用，它可以在组件编译完毕前隐藏原始模板。

```
<style>
[v-cloak]{display: none}                 <!--添加 v-cloak 样式-->
</style>
<div id="demo" class="alert alert-info">
    <p v-cloak>{{info}}</p>
</div>
<script>
Vue.createApp({                          //创建 Vue.js 应用
    data(){                              //定义应用的数据选项
        return{                          //返回实例的数据集
            info: "v-cloak 指令测试"
        }
    }
}).mount('#demo')                        //绑定应用到 HTML 标签上
</script>
```

　　直到编译完成前，<p v-cloak>标签的信息将不可见，并且 v-cloak 会保留在所绑定的元素上，直到相关组件实例被挂载后才移除。

扫一扫，看视频

3.2 属性绑定指令

属性绑定指令用于辅助渲染 HTML 元素的属性值。常用指令包括 3 个：v-bind、:class 和:style。其中，:class 和:style 指令将在第 6 章中单独讲解。

v-bind 指令主要用于更新 HTML 元素的属性，将一个或多个属性，或者一个组件的 prop 动态绑定到一个 JavaScript 表达式上。语法格式如下：

<标签名 **v-bind:参数.修饰符**="**JavaScript 表达式**"></标签名>

简写语法如下：

<标签名 **:参数.修饰符**="**JavaScript 表达式**"></标签名>

下面对以上语法进行具体说明。

（1）参数为 HTML 属性，如 id、name、title 等。如果省略参数，则 JavaScript 表达式必须为一个对象，语法格式如下：

<标签名 **v-bind** ="**JavaScript 对象**"></标签名>

JavaScript 对象应该包含一个或多个属性键值对。

【示例 1】在下面的模板中，为<div>标签绑定 2 个属性，其中 id 和 class 是属性名，由于 class 是 JavaScript 关键字，需要加上引号，id_name 和 class_name 分别为 id 和 class 的属性值。

```
<div v-bind="{id: id_name, 'class': class_name}"></div>
```

（2）可以定义动态参数，语法格式如下：

<标签名 **:[JavaScript 表达式] .修饰符** = "JavaScript 表达式" ></标签名>

JavaScript 表达式的值为一个字符串型的属性名。

【示例 2】在下面的模板中，参数被设置为变量 key。通过 key 可以动态控制要设置的属性。

```
<button v-bind:[key]="value"></button>
```

简写形式如下：

```
<button :[key]="value"></button>
```

（3）修饰符包括 3 个，简单说明如下。

1）.camel：将以短横线命名的属性转变为以驼峰式命名。

2）.prop：强制绑定为 DOM property。

3）.attr：强制绑定为 DOM attribute。

拓展

DOM attribute 是 HTML 中的概念，用于描述标签的属性；DOM property 是 JavaScript 中的概念，用于描述 JavaScript 对象的属性。当浏览器在解析 HTML 代码时，会创建一个元素对象，该对象包括很多 property 属性。property 与元素的 attribute 的关系说明如下：

（1）大部分内置 attribute 与 property 同名相等，如 id、name 属性；个别内置 attribute 与 property 不同名相等，如 class 属性。

（2）内置 attribute 与 property 在一定条件下同步。通过 setAttribute 修改 attribute 值时，可以同步到 property 上；而通过.property 修改 property 值时，有时不会同步到 attribute 上，即不会反映到 HTML 上。

（3）自定义 attribute 与 property 不同步、不相等，如 customize 属性，就没有对等的 property。

【示例 3】由于 HTML 属性不区分大小写，所以

```
<svg :viewBox="viewBox"></svg>
```

的模板实际渲染为

```
<svg viewbox="viewBox"></svg>
```

由于<svg>标签只认识 viewBox，而不认识 viewbox，这将导致渲染失败。此时，如果使用.camel 修饰符，可以驼峰化要绑定的属性名。例如：

```
<svg :viewBox.camel ="viewBox"></svg>
```

这时就会被渲染为驼峰名：

```
<svg viewBox="viewBox"></svg>
```

如果使用字符串模板，或者使用构建步骤预编译模板，则没有这些限制，就不需要.camel。

```
Vue.createApp({
    template: '<svg :viewBox="viewBox"></svg>'
})
```

（4）当修饰符为 prop 时，可以进一步简写为

```
<标签名 .参数="JavaScript 表达式"></标签名>
```

【示例 4】下面的模板被设置了.prop 修饰符。

```
<div :someProperty.prop="someObject"></div>
```

可以简写为

```
<div .someProperty="someObject"></div>
```

拓展

Vue.js 在处理 v-bind 指令时，默认会利用 in 运算符检查当前元素对象上是否定义了与绑定同名的 DOM property。如果存在同名的 property，则 Vue.js 会将它作为 DOM property 赋值，而不是作为 attribute 赋值。用户可以通过.prop 和.attr 修饰符来强制绑定方式。在使用自定义元素时，这种方式会非常有用。

【示例 5】在实际开发中，图片 img 的 url 属性值和<a>标签的 href 属性值常需要从服务器端获取。本示例演示如何动态绑定 a 的 href 属性和 img 的 src 属性，并设计图片新闻栏，演示效果如图 3.5 所示。

```
<div id="demo" class="alert alert-info">
    <a :href="href" class="stretched-link"><img :src="src" :alt="alt"
    class="rounded" width="400"></a>
```

```
            <h3>{{new_title}}</h3>
    </div>
    <script>
        Vue.createApp({                          //创建 Vue.js 应用
            data(){                              //定义应用的数据选项
                return{                          //返回实例的数据集
                    new_title:"甘肃敦煌：大美胡杨醉金秋",
                    href:"https://photo.cctv.com/2023/10/18/",
                    src:"new_img.png",
                    alt:"甘肃省敦煌市三危山下莫高镇的胡杨林"
                }
            }
    }).mount('#demo')                            //绑定应用到 HTML 标签上
    </script>
```

图 3.5 设计图片新闻栏

3.3 条件渲染指令

条件渲染指令用于辅助开发者按需控制 DOM 的显示或隐藏，包括 v-if、v-else-if、v-else 和 v-show 4 个指令，其中，v-if、v-else-if、v-else 这 3 个指令与 JavaScript 的条件语句 if、else、else if 功能类似。

3.3.1 v-if 指令

v-if 指令基于 JavaScript 表达式的值，可以有条件地渲染元素或模板片段。其语法格式如下：

扫一扫，看视频

> <标签名 **v-if="JavaScript 表达式"**></标签名>

如果 JavaScript 表达式的值为 false，或者可以转换为 false，对应的元素及子元素不会被渲染，即没有对应的标签出现在 DOM 中。

【示例】通过 v-if="flag"条件，定义当前提示文本的显示。

```
<div id="demo">
    <p v-if="flag" class="alert alert-info"><b>提示</b>本条信息一定要显示。</p>
</div>
<script>
    Vue.createApp({                              //创建 Vue.js 应用
```

```
        data(){                                //定义应用的数据选项
            return{flag:true}                  //定义显隐标志变量
        }
    }).mount('#demo')                          //绑定应用到 HTML 标签上
</script>
```

扫一扫，看视频

3.3.2 v-else 指令

v-else 指令需要与 v-if 或 v-else-if 配合使用，当 v-if 或 v-else-if 的条件为 false 时，显示被绑定的标签内容。其语法格式如下：

```
<标签名 v-else></标签名>
```

该指令没有值，无须传入表达式。

【示例】结合 3.3.1 小节中的示例，定义 v-if="flag"条件不成立，则显示 v-else 指令绑定的标签信息。

```
<div id="demo">
    <p v-if="flag" class="alert alert-info"><b>提示</b>本条信息一定要显示。</p>
    <p v-else class="alert alert-danger"><b>警告</b>当前操作非常危险。</p>
</div>
<script>
    Vue.createApp({                            //创建 Vue.js 应用
        data(){                                //定义应用的数据选项
            return{flag:false}                 //定义显隐标志变量
        }
    }).mount('#demo')                          //绑定应用到 HTML 标签上
</script>
```

 提示

如果要控制多个标签的内容显示，可以使用<template>标签作为容器，然后为<template>标签设置 v-if 指令。

扫一扫，看视频

3.3.3 v-else-if 指令

v-else-if 指令与 v-if 或 v-else 配合使用，可以设计多条件控制结构。其语法格式如下：

```
<标签名 v-else-if="JavaScript 表达式"></标签名>
```

【示例】下面的示例使用 v-else-if、v-if 和 v-else 设计一个多条件结构，根据不同需要显示不同类型的提示框信息。

```
<div id="demo">
    <p v-if="alert=='primary'"><b>提示</b>当前显示的是主要信息。</p>
    <p v-else-if="alert=='secondary'"><b>提示</b>当前显示的是辅助信息。</p>
    <p v-else-if="alert=='success'"><b>提示</b>当前显示的是成功信息。</p>
    <p v-else-if="alert=='danger'"><b>提示</b>当前显示的是危险信息。</p>
    <p v-else-if="alert=='warning'"><b>提示</b>当前显示的是警告信息。</p>
    <p v-else><b>提示</b>当前显示的是普通信息。</p>
</div>
<script>
```

```
    Vue.createApp({                          //创建 Vue.js 应用
        data(){                              //定义应用的数据选项
            return{alert:"warning"}          //定义提示框为警告框
        }
    }).mount('#demo')                        //绑定应用到 HTML 标签上
</script>
```

3.3.4　v-show 指令

v-show 指令能够动态地为元素添加或移除 style="display:none;"样式，从而控制元素的显示或隐藏。其语法格式如下：

<标签名 **v-show="JavaScript 表达式"**></标签名>

v-show 指令的用法与 v-if 相似，两者区别如下：

（1）v-if 控制元素是否渲染到页面，即元素是否创建。

（2）v-show 控制元素是否显示，即已经创建并在 DOM 中存在的元素是否显示。

【示例】当需要在显示与隐藏之间频繁切换时，建议使用 v-show 指令；如果只执行一次切换，可以考虑使用 v-if 指令。下面的示例通过单击"切换"按钮控制段落文本的动态显示，演示效果如图 3.6 所示。

```
<div id="demo">
    <p v-show="flag">今天要下雨</p>
    <p v-show="!flag">今天不下雨</p>
    <button @click="toggle()" class="btn btn-primary">切换</button>
</div>
<script>
    Vue.createApp({                          //创建 Vue.js 应用
        data(){                              //定义应用的数据选项
            return{flag: true}               //显隐标志变量
        },
        methods: {                           //切换函数
            toggle(){return this.flag = !this.flag;}
        }
    }).mount('#demo')                        //绑定应用到 HTML 标签上
</script>
```

图 3.6　显示和隐藏段落文本信息

3.4　列表渲染指令

v-for 指令能够根据一组数据多次渲染元素或模板块，其功能与 JavaScript 的 for-in 语句类似。

3.4.1　v-for 遍历数组

v-for 遍历数组的语法格式如下：

```
<标签名 v-for='item in list'>{{item}}</标签名>
```

遍历数组可以包含 2 个参数，其中第 2 个参数表示当前元素的位置索引。具体语法格式如下：

```
<标签名 v-for='(item, index) in list'>{{item}} {{index}}</标签名>
```

其中，list 表示数组；item 表示数组中的每个元素；index 表示数组的位置索引。

【示例】下面的示例使用 v-for 指令遍历数组['apple', 'orange', 'banana']，并把每个值绑定到 p 元素上显示出来。

```
<div id="demo">
    <p v-for="item in fruits">{{item}}</p>
</div>
<script>
    Vue.createApp({                           //创建 Vue.js 应用
        data(){                               //定义应用的数据选项
            return{fruits:['apple', 'orange', 'banana']}
                                              //将要被遍历的数组数据
        }
    }).mount('#demo')                         //绑定应用到 HTML 标签上
</script>
```

3.4.2　v-for 遍历对象

v-for 遍历对象的语法格式如下：

```
<标签名 v-for='(value, key, index) in object'>{{value}} {{key}} {{index}}
</标签名>
```

其中，object 表示对象；value 表示对象的每个键值；key 表示对象的每个键名；index 表示键值对的位置索引。

提示

　　v-if 和 v-for 可以混合使用，但是当它们用于同一个节点时，v-if 比 v-for 的优先级高，这意味着 v-if 的条件将无法访问 v-for 作用域内定义的变量。

【示例】下面的示例通过在外层\<template\>上使用 v-for，然后在内层\<p\>上使用 v-if，从而实现 v-if 的条件可以访问 v-for 的变量。本示例设计在一定条件下显示列表项目，演示效果如图 3.7 所示。

```
<div id="demo">
    <template v-for='(v,k,i) in obj'>
        <p v-if='v==13'>{{i + ' ' + k + '=' + v}}</p>
    </template>
</div>
<script>
    Vue.createApp({                           //创建 Vue.js 应用
        data(){                               //定义应用的数据选项
```

```
                return {
                    obj: {                          //数据对象
                        uname: 'zhangsan',
                        age: 13,
                        gender: 'female'
                    }
                }
            }
        }).mount('#demo')                           //绑定应用到 HTML 标签上
</script>
```

（a）无条件显示 　　　　　　　　　　　（b）在一定条件下显示

图 3.7　v-if 和 v-for 可以混合使用

3.4.3　v-for 遍历数字和字符串

v-for 可以遍历任何可迭代的数据，如数组、对象、字符串和元素集合等。下面结合示例简单介绍 v-for 如何遍历数字和字符串。

1．遍历数字

语法格式如下：

```
v-for='i in number'
```

其中，number 表示一个正整数；i 表示从 1 到 number 的整数。

【示例 1】下面的示例将显示 1～10 的所有整数。

```
<div id="demo">
    <span v-for='i in 10'>{{i}}</span>
</div>
<script>
    Vue.createApp({                             //创建 Vue.js 应用
    }).mount('#demo')                           //绑定应用到 HTML 标签上
</script>
```

提示

利用这个功能可以快速生成指定范围的数字集合。

2．遍历字符串

语法格式如下：

```
v-for='char in string'
```

其中，string 表示一个字符串；char 表示字符串中的每个字符。

【示例 2】下面的示例将字符串 JavaScript 中的字符逐个换行显示。

```
<div id="demo">
    <p v-for='char in str'>{{char}}</p>
</div>
<script>
    Vue.createApp({                              //创建 Vue.js 应用
        data(){                                  //定义应用的数据选项
            return{str : "JavaScript"}           //定义字符串
        }
    }).mount('#demo')                            //绑定应用到 HTML 标签上
</script>
```

3.4.4 :key 属性

使用 v-for 渲染列表时，当数据项的顺序改变后，Vue.js 不会随之移动 DOM 元素的顺序，而是就地更新每个元素，这会导致有状态的列表无法被正确更新。为了给 Vue.js 一个提示，以便能跟踪每个节点，应给列表元素或组件添加一个:key 属性。具体语法格式如下：

```
<标签名 v-for='item in list' :key="item">{{item}}</标签名>
```

其中，key 的值只能是字符串或数字类型，并且是唯一的。

为了能够更准确地理解:key 属性的重要性，下面结合示例进行演示说明。

【示例 1】本示例定义一个 Vue.js 实例变量 array，数组类型，包含 4 个元素：[1, 2, 3, 4]；然后通过<template v-for="item,i in array">把数组元素分别渲染到 4 行文本框中，以前缀序号的形式把元素呈现出来，演示效果如图 3.8（a）所示；最后单击第 3 行的"删除"按钮，删除第 3 行的文本框，会发现 array 中的"元素 3."已经被删除，而 DOM 中的第 3 行的文本框继续存在，却把第 4 行的文本框给删除了，演示效果如图 3.8（b）所示。

```
<div id="demo">
    <template v-for="item,i in array">
        <div>元素{{item}}. <input /> <button @click="remove(i)" >删除
        </button></div>
    </template>
</div>
<script>
    Vue.createApp({                              //创建 Vue.js 应用
        data(){                                  //定义应用的数据选项
            return{array: [1, 2, 3, 4]}
        },
        methods: {                               //定义方法，移除指定下标位置的元素
            remove(i){this.array.splice(i, 1);}
        }
    }).mount('#demo')                            //绑定应用到 HTML 标签上
</script>
```

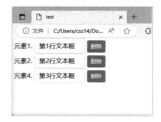

（a）呈现元素　　　　　　　　　　　（b）第 4 行的文本框被删除

图 3.8　没有包含:key 属性的列表渲染

【**示例 2**】下面为示例 1 中的<template>标签绑定一个:key 属性。考虑到 key 的值必须是唯一的，而数组元素的值可能会出现重复，因此本示例为 array 中的每个元素绑定一个 id 键，以确保每个元素的编号是唯一的。

```html
<div id="demo">
    <template v-for="item,i in array" :key="item.id">
        <div>元素{{item.value}}. <input /><button @click="remove(i)">删除
        </button></div>
    </template>
</div>
<script>
    Vue.createApp({                              //创建 Vue.js 应用
        data(){                                   //为每个元素绑定一个 id 键
            return{array: [{id: 1, value: 1},{id: 2, value: 2},
                            {id: 3, value: 3},{id: 4, value: 4}]}
        },
        methods:{remove(i){this.array.splice(i, 1);}}
    }).mount('#demo')                            //绑定应用到 HTML 标签上
</script>
```

此时，如果再次执行如上操作，则当单击第 3 行的"删除"按钮时，数组的第 3 个元素"元素 3."和第 3 行的文本框同时被删除，演示效果如图 3.9 所示。

（a）呈现元素　　　　　　　　　　　　（b）第 3 行的文本框被删除

图 3.9　包含:key 属性的列表渲染

3.5　自定义指令

在实战开发中，经常会将重复代码抽象为一个函数或组件，然后在需要时调用或引入。但是对于某些功能，这种方法可能不够灵活。例如，在 DOM 元素上添加一些自定义属性或者绑定一些事件，这些操作可能难以通过函数或组件来实现。这时自定义指令就派上了用场。Vue.js 允许通过注册自定义指令对 DOM 元素进行底层操作，从而实现更丰富的功能。

3.5.1　定义指令

扫一扫，看视频

使用 Vue.directive()函数可以定义一个全局指令。具体语法格式如下：

```
Vue.directive('指令名称', {
    //钩子函数
})
```

第 2 个参数表示指令名称，不包含 v-前缀；第 2 个参数可以是对象数据，也可以是一个指令函数。

如果注册局部指令，可以在组件中使用 directives 选项。具体语法格式如下：

```
directives: {
    '指令名称': {
        //钩子函数
    }
}
```

或者在实例对象上调用 directive()方法：

```
vm.directive('指令名称', {
    //钩子函数
})
```

vm 表示 Vue.js 的实例对象，通过 Vue.createApp()函数创建。

自定义指令之后，可以在模板中的任何元素上使用新的指令。具体语法格式如下：

```
<标签名 v-自定义指令名= "JavaScript 表达式" ></标签名>
```

【示例 1】下面的示例自定义一个 v-focus 指令，设计当页面加载完成后，让文本框获取焦点。

```
<div id="app">
    <input/> <input v-focus/>
</div>
<script>
    Vue.createApp({                              //创建 Vue.js 应用
        directives: {                            //自定义指令选项集合
            focus: {                             //自定义指令的名称
                mounted: function(el){           //在实例挂载到 DOM 后触发
                    el.focus()                   //页面加载完成后自动让输入框获取焦点
                }
            }
        }
    }).mount('#app')                             //绑定应用到 HTML 标签上
</script>
```

注意

Vue.js 自定义指令的功能非常强大，但是在使用时需要注意以下几点。

（1）在模板中，指令名称必须使用 v-前缀，否则会被解析成普通的 HTML 属性。

（2）指令可以全局注册，也可以局部注册。

（3）指令可以被多次绑定到同一个元素上，但是指令的执行顺序是不确定的。

（4）自定义指令一般用于操作 DOM 元素。如果操作数据，建议使用计算属性或监听器等。

【示例 2】下面的示例自定义一个 v-drag 指令，设计被绑定的元素能够被移动，演示效果如图 3.10 所示。

```
<div id="app">
    <div id="box" v-drag></div>
</div>
<script>
    Vue.createApp({                              //创建 Vue.js 应用
        directives: {                            //自定义指令选项集合
```

```
        drag:{                                    //自定义指令的名称
            mounted(el){                          //在实例挂载到 DOM 后触发
                el.onmousedown = (e) => {         //当鼠标按键按下时触发
                    el.style.position = "relative";//定义当前元素相对定位
                    let x = e.clientX - el.offsetLeft;
                                                  //获取偏移的 x 轴起始坐标
                    let y = e.clientY - el.offsetTop;
                                                  //获取偏移的 y 轴起始坐标
                    document.onmousemove = (e) => {  //当鼠标移动时触发
                        let xx = e.clientX - x + "px";//鼠标移动的 x 轴距离
                        let yy = e.clientY - y + "px";//鼠标移动的 y 轴距离
                        el.style.left = xx;       //定位水平偏移位置
                        el.style.top = yy;        //定位垂直偏移位置
                    };
                    el.onmouseup = (e) => {       //当鼠标按键松开时触发
                        document.onmousemove = null;//停止拖动
                    };
                };
            },
        },
    })).mount('#app')                             //绑定应用到 HTML 标签上
</script>
```

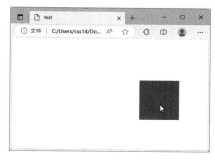

（a）移动前 　　　　　　　　　　　　　　　　（b）移动后

图 3.10　自定义 v-drag 指令移动元素

3.5.2　钩子函数

扫一扫，看视频

钩子函数就是 Vue.js 实例从创建到销毁的过程中，在特定阶段里能够自动执行的函数，包括生命周期函数、自定义指令 directives，以及路由导航、守卫函数。实际上，computed 和 watch 也可以视为钩子函数，因为它们能够在特定情况下自动执行。

钩子函数均为可选，在自定义指令中可以使用 Vue.js 生命周期函数，也可以使用以下指令专用函数。

（1）bind()：指令第 1 次绑定到元素时调用，只调用一次。在此可以进行一次性的初始化设置。

（2）inserted()：被绑定元素插入父节点时调用。仅保证父节点存在，但不一定已被插入文档中。

（3）update()：所在组件的虚拟节点更新时调用，但是可能发生在其子虚拟节点更新之前。

（4）componentUpdated()：指令所在组件的虚拟节点及其子虚拟节点全部更新后调用。

（5）unbind()：指令与元素解绑时调用，只调用一次。

【示例1】 下面的示例测试不同钩子函数的调用时机。在当前学习阶段，控制台中只能看到 created()、mounted()、beforeUpdate() 和 updated() 4 个函数被调用，演示效果如图 3.11所示。

```html
<div id="app">
    <button @click="x++" v-test class="btn btn-primary">单击递加：{{x}}
    </button>
</div>
<script>
    Vue.createApp({                                   //创建 Vue.js 应用
        data(){return{x: 0}},
        directives: {                                 //自定义指令选项集合
            test: {                                   //自定义指令的名称
                beforeCreate(){console.log("beforeCreate()")},
                created(){console.log("created()")},
                beforeMount(){console.log("beforeMount()")},
                mounted(){console.log("mounted()")},
                beforeUpdate(){console.log("beforeUpdate()")},
                updated(){console.log("updated()")},
                beforeUnmount(){console.log("beforeUnmount()")},
                unmounted(){console.log("unmounted()")},
                bind(){console.log("bind()")},
                inserted(){console.log("inserted()")},
                update(){console.log("update()")},
                componentUpdated(){console.log("componentUpdated()")},
                unbind(){console.log("unbind()")},
            },
        },
    }).mount('#app')                                  //绑定应用到 HTML 标签上
</script>
```

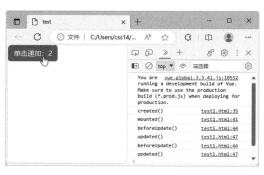

图 3.11　被调用的钩子函数

在自定义指令中，每个钩子函数都包含以下参数。

（1）el：指令所绑定的元素，可以用于直接操作 DOM。

（2）binding：一个结合对象，包含以下属性。

1）value：指令绑定的值。如 v-my-directive="1 + 1"中，绑定值为 2。

2）oldValue：指令绑定的前一个值，仅在 update()和 componentUpdated()钩子函数中可用。无论值是否改变都可用。

3）arg：传给指令的参数，可选。如 v-my-directive:foo 中，参数为"foo"。

4）modifiers：一个包含修饰符的对象。如 v-my-directive.foo.bar 中，修饰符对象为{ foo: true, bar: true}。

5）instance：使用当前指令的组件实例。

6）dir：指令定义对象，即钩子函数。

（3）vnode：Vue.js 编译生成的虚拟节点（VNode）。

（4）oldVnode：上一个虚拟节点，仅在 update()和 componentUpdated()钩子函数中可用。

【示例 2】下面的示例在自定义指令 test 中探测钩子函数包含的所有参数，演示效果如图 3.12 所示。

```
<div id="app">
    <div v-test:arg.mod1.mod2='{a: 1, b: "no"}'></div>
</div>
<script>
    Vue.createApp({                              //创建 Vue.js 应用
        data(){return{name:"Vue 实例"}},         //实例数据
        directives: {                            //自定义指令选项集合
            test: {                              //自定义指令的名称
                mounted: function(el, binding, vnode){//挂载完成后执行
                    el.innerHTML =
                        "值 = " + JSON.stringify(binding.value) + '<br>' +
                        "参数 = " + binding.arg + '<br>' +
                        "修饰符 = " + JSON.stringify(binding.modifiers)+
                            '<br>' +
                        '实例.name = ' + binding.instance.name + '<br>' +
                        "钩子函数 = " + Object.keys(binding.dir).join
                            (', ') + '<br>' +
                        '虚拟节点的属性集 = [' + Object.keys(vnode).join
                            (', ') + "]"
                },
            },
        },
    }).mount('#app')                             //绑定应用到 HTML 标签上
</script>
```

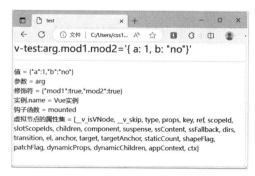

图 3.12　探测钩子函数包含的参数

3.5.3　定义动态参数

自定义的指令也可以使用动态参数。具体语法格式如下：

```
<标签名 v-自定义指令名:[JavaScript 表达式] = "JavaScript 表达式" ></标签名>
```

使用方括号包含一个 JavaScript 表达式，Vue.js 会对 JavaScript 表达式进行动态求值，求得的值将会作为最终的参数名来使用。例如，v-pos:[dir]="value"中，dir 参数可以根据组件实例的数据进行更新，从而可以更加灵活地使用自定义指令。

【示例】 下面的示例通过自定义指令实现让一个元素固定在页面中某个位置。在出现滚动条时，元素也不会随着滚动条而滚动，演示效果如图 3.13 所示。

```html
<div id="app">
    <!--第 1 个：直接给出指令的参数；第 2 个：使用动态参数-->
    <img src="vue.jpeg" v-pos:[dir]="20" v-pos:bottom="20">
</div>
<script>
    const vm = Vue.createApp({                              //创建应用程序实例
        data(){return{dir: 'right'}}                       //返回实例的数据对象
    })
    vm.directive('pos', {                                  //注册一个全局自定义指令 pos
        beforeMount(el, binding, vnode){
            el.style.position = 'fixed';                   //定义元素固定定位
            let s = binding.arg || 'left';                 //初始化指令的参数
            el.style[s] = binding.value + 'px'             //定义元素固定定位并设置固定值
        }
    })
    vm.mount('#app');                                      //挂载到页面
</script>
```

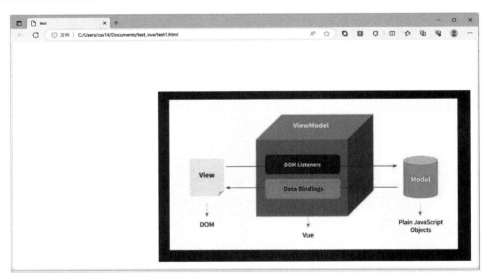

图 3.13　为自定义指令设置动态参数

3.6　案例实战

扫一扫，看视频

3.6.1　设计手风琴效果

【案例】 手风琴是一种非常实用的 UI 组件，可以实现各种折叠和展开的效果。本案例使用 v-for 指令动态生成折叠项，同时利用 v-bind 指令实现数据绑定。在手风琴的结构中，包含了一个容器 div 和一些子级 div，可以使用 v-if 和 v-show 来控制子级 div 的显示与隐藏。另外，使用@click 事件和 v-on 指令来触发折叠展开的效果，演示效果如图 3.14 所示。

```html
<div id="app">
    <ul class="asideMenu">
        <li v-for="(item,index) in menuList">
            <div class="oneMenu" @click="showToggle(item,index)">
                <img v-bind:src="item.imgUrl" /><span>{{item.name}}</span>
            </div>
            <ul v-show="item.isSubShow">
                <li v-for="subItem in item.subItems">
                    <div class="oneMenuChild">{{subItem.name}}</div>
                </li>
            </ul>
        </li>
    </ul>
</div>
<script>
    Vue.createApp({                                    //创建 Vue.js 应用
        data(){
            return{
                menuList: [
                    {name: '字符录入', imgUrl: 'images/character.png',
                    isSubShow: false,
                        subItems:[{name:'字符录入'},{name:'白话文录入'},
                            {name:'文言文录入'},{name:'小写数字录入'}]
                    },
                    //……菜单数据与上面选项雷同，具体请参考本小节示例源代码


                ]
            }
        },
        methods: {
            showToggle: function (item, ind){          //单击展开折叠菜单事件
                this.menuList.forEach(i => {
                    //判断如果 menuList[i]的 show 属性不等于
                    //当前数据的 isSubShow 属性，那么 menuList[i]等于 false
                    if (i.isSubShow !== this.menuList[ind].isSubShow){
                        i.isSubShow = false;
                    }
                });
                item.isSubShow = !item.isSubShow;
                console.log(item.name)
            },
        }
    })).mount('#app')                                  //绑定应用到 HTML 标签上
</script>
```

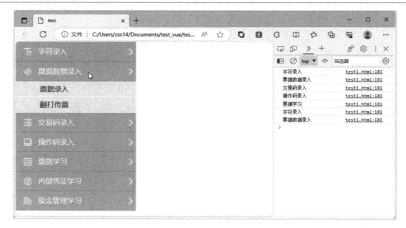

图 3.14　设计的手风琴效果

扫一扫，看视频

3.6.2　设计下拉菜单

【案例】本案例配合使用列表渲染指令和事件处理指令来设计一组下拉菜单，定义当鼠标指针移动到某个菜单项上时会弹出下拉子菜单；当鼠标指针离开菜单项时，子菜单项会被隐藏，演示效果如图 3.15 所示。

图 3.15　设计下拉菜单

（1）新建 HTML 文档，在 JavaScript 脚本中定义一个 JSON 数据集，具体代码结构如下：

```
const data = {
    menus: [
    {name: '关于我们', url: '#', show: false, subMenus: [{name: '公司介绍',
    url: '#'},{name: '联系我们', url: '#'}]},
    ...
    ]
};
```

数据集为一个对象直接量，包含一个 menus 字段。menus 为一个数组，用于定义菜单的多个菜单项。每个菜单项为一个对象直接量，包含多个字段。其中，name 表示菜单项的名称；url 表示超链接的源；show 表示显示或隐藏子菜单项；subMenus 表示子菜单列表，为一个数组，每个元素是一个对象，对象的 name 字段表示子菜单项的名称，url 表示子菜单项的超链接的源。

（2）创建 Vue.js 应用程序，并把实例挂载到 DOM 的<div id="app" v-cloak>标签上。

```
const vm = Vue.createApp({                    //创建应用程序
    data(){return data;}                      //指定要显示的下拉菜单的数据
})
vm.mount('#app');                             //挂载程序
```

（3）设计 Vue.js 模板，使用两个嵌套的 v-for 指令把下拉菜单渲染到 DOM 上。

```
<div id="app" v-cloak>
    <li v-for="menu in menus" @mouseover="menu.show = !menu.show"
    @mouseout="menu.show = !menu.show">
        <a :href="menu.url">{{menu.name}}</a>
        <ul v-show="menu.show">
            <li v-for="subMenu in menu.subMenus"> <a :href="subMenu.url">
            {{subMenu.name}} </a></li>
        </ul>
    </li>
</div>
```

当网速较慢，Vue.js 文件还没加载完时，页面上会显示{{menu.name}}的信息，直到 Vue.js 实例创建成功且模板编译完成后，{{menu.name}}才会被替换，这个过程中屏幕是有闪动的，此时可以使用 v-cloak 指令和[v-cloak]{ display: none}的 CSS 样式来解决这个问题。

3.6.3　事件防抖

在前端开发中，优化网页性能和提升用户体验是至关重要的。为了实现这一目标，可以利用一些优化技术，其中防抖（debounce）和节流（throttle）是常用的技术手段。

防抖和节流的目的都是控制事件的触发频率，避免频繁触发导致的性能问题。它们通过限制事件处理函数的执行次数，从而减少不必要的计算和操作。

防抖和节流在不同的场景中有各自的应用。例如，在用户输入时，可以使用防抖来延迟触发验证或搜索操作，以避免频繁输入导致的性能问题；在滚动页面、处理高频单击或移动事件时，可以使用节流来限制触发频率，提升性能和流畅度。

【案例 1】在下面的案例中，当在文本框中输入字符串"123456789"时，会触发 9 次 input 事件响应，演示效果如图 3.16（a）所示；当滚动盒子的滚动条时，会触发无数次 scroll 事件，演示效果如图 3.16（b）所示。

```
<div id="app">
    <input id="test" class="form-control"/>
    <div class="box">
        <p>元素滚动测试</p>
    </div>
</div>
<script>
    document.querySelector("#test").addEventListener("input", function (e){
        console.log(e.target.value)                    //在控制台输出的值
    });
    document.querySelector(".box").addEventListener("scroll", function (e){
        console.log(parseInt(e.target.scrollTop) + "px") //显示滚动条的高度
    });
</script>
```

扫一扫，看视频

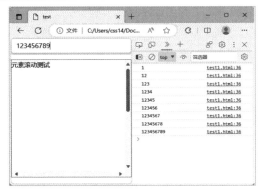 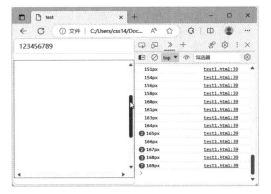

（a）频繁触发 input 事件　　　　　　　　　　　（b）频繁触发 scroll 事件

图 3.16　事件高频触发现象

防抖的设计原理：在事件触发后设定一个延迟时间，如果在延迟时间内再次触发同样的事件，则重新计时。只有在延迟时间内没有再次触发事件时，才执行事件处理函数。这样可以确保事件处理函数只会在事件停止触发后执行一次，避免了频繁触发导致的性能问题。

【案例 2】以案例 1 为基础，在 Vue.js 实例的 directives 选项中定义一个 debounce 自定义指令。在 mounted() 钩子函数中定义事件防抖处理逻辑。自定义指令的值包含 3 个字段 { value:{event, fn, time}}，第 1 个字段定义事件类型，第 2 个字段定义事件处理函数，第 3 个字段定义事件延迟响应的时间，以毫秒为单位。为当前元素绑定指定的事件，先检测 fn 字段是否为函数，如果不是则返回。如果定时器存在，继续触发事件；否则清除当前定时器，重新计时。只有在当前定时器设置的延迟时间内没有再次触发事件，才可以执行事件处理函数。

当在文本框中输入字符串"123456789"时，会触发 1 次 input 事件响应，演示效果如图 3.17（a）所示；当滚动盒子的滚动条时，会触发 1 次 scroll 事件响应，演示效果如图 3.17（b）所示。

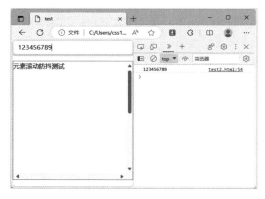

（a）输入 9 个数字只触发 1 次 input 事件响应　　　　（b）滚动到底部只触发 1 次 scroll 事件响应

图 3.17　事件防抖处理效果

```
<div id="app">
    <input v-debounce="{event: 'input', fn: f1, time: 1000}"/>
    <div v-debounce="{event: 'scroll', fn: f2, time: 1000}" class="box">
        <p>元素滚动防抖测试</p>
    </div>
</div>
</script>
<script>
```

```
    Vue.createApp({                                      //创建 Vue.js 应用
        directives: {                                    //自定义指令选项集合
            debounce: {                                  //自定义指令的名称
                mounted: function(el,{value:{event, fn, time}}){
                                                         //挂载完成后执行
                    if(typeof fn !== 'function')return    //没绑定函数直接返回
                    el._timer = null                     //初始化定时器为空
                    el.addEventListener(event, (e) => {  //监听事件
                        if(el._timer !== null){          //限定时间内再次触发事件
                            clearTimeout(el._timer)//则清空定时器并重新定时
                            el._timer = null              //清除定时器
                        }
                        el._timer = setTimeout(() => {   //定义定时器
                            fn(e)                        //执行事件处理函数
                        }, time)                         //设置延迟时间
                    })
                },
            },
        },
        methods: {                                       //定义事件处理函数的方法
            f1(e){console.log(e.target.value)},          //在控制台输出的值
            f2(e){console.log(parseInt(e.target.scrollTop) + "px")},
                                                         //显示滚动条的高度
        }
    }).mount('#app')                                     //绑定应用到 HTML 标签上
</script>
```

3.6.4　事件节流

节流的设计原理：在指定的时间间隔内，只执行一次事件处理函数。当事件触发时，如果在时间间隔内已经执行过事件处理函数，则忽略该次触发。只有在时间间隔内没有执行过事件处理函数时，才执行一次事件处理函数。这样可以控制事件处理函数的执行频率，避免过多的计算和操作。

【案例】本案例以 3.6.3 小节中的案例为基础，重新设计自定义指令。事件防抖主要利用JavaScript 定时器来设计，而事件节流主要利用时间差来控制事件处理函数。

```
<div id="app">
    <input v-throttle="{event: 'input', fn: f1, time: 1000}" class="form-control"/>
    <div v-throttle="{event: 'scroll', fn: f2, time: 1000}" class="box">
        <p>元素滚动节流测试</p>
    </div>
</div>
<script>
    Vue.createApp({                                      //创建 Vue.js 应用
        directives: {                                    //自定义指令选项集合
            throttle: {                                  //自定义指令的名称
                mounted: function(el,{value:{event, fn, time}}){
                                                         //挂载完成后执行
                    if(typeof fn !== 'function') return//没绑定函数直接返回
```

```
                        let startTime = new Date().getTime()      //获取初始时间
                        el.addEventListener(event, (e) => {        //监听事件
                            let curTime = new Date().getTime()     //获取当前时间
                            let diff = curTime - startTime         //计算时间间隔
                            if(time <= diff){                      //当时间间隔大于阈值时触发
                                fn(e)                              //执行事件处理函数
                                startTime = curTime                //重置初始时间
                            }
                        })
                    },
                },
            },
            methods: {                                            //定义事件处理函数的方法
                f1(e){console.log(e.target.value)},               //在控制台输出的值
                f2(e){console.log(parseInt(e.target.scrollTop) + "px")},
                                                                  //显示滚动条的高度
            }
        }).mount('#app')                                          //绑定应用到 HTML 标签上
</script>
```

运行程序，当在文本框中输入字符串"123456789"时，会有规律地触发 3 次 input 事件响应，演示效果如图 3.18（a）所示；当滚动盒子的滚动条时，也会有规律地触发 3 次 scroll 事件响应，演示效果如图 3.18（b）所示。

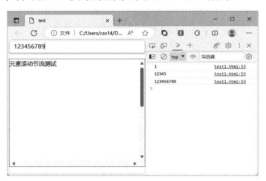 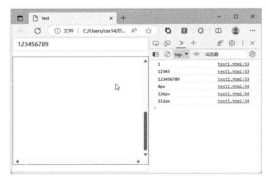

（a）输入 9 个数字有规律地触发 3 次 input 事件　　　　（b）滚动到底部有规律地触发 3 次 scroll 事件

图 3.18　事件节流处理效果

扫一扫，看视频

3.6.5　长按关闭程序

【案例】本案例设计当用户按下鼠标左键或移动端单指触碰，并按住按钮 2s 时，视为一次长按，触发关闭程序的函数，演示效果如图 3.19 所示。

图 3.19　长按关闭应用程序

设计思路：定义一个计时器，time 毫秒后执行函数，time 作为参数。当用户按下按钮时触发 mousedown 或 touchstart 事件，启动计时器。如果 click、mouseup、touchend 或 touchcancel 事件在 n 秒内被触发，则清除计时器，视为普通单击事件；如果计时器没有在 time 毫秒内清除，则视为一次长按，触发绑定的函数。

自定义指令 v-longpress，设计值为对象直接量（v-longpress="{fn: longpress,time:2000}"），包含 2 个字段：fn 表示要绑定的回调函数；time 表示长按的时间，以毫秒为单位。

```
<div id="app">
    <div>长按右侧按钮 2 秒钟，将关闭当前应用程序<span v-show="seconds">长按了：
    {{seconds}}秒</span><img v-longpress="{fn: longpress,time:2000}"
    src="close.png" alt="关闭程序" title="长按 2 秒将关闭程序" /></div>
</div>
<script>
    Vue.createApp({                                    //创建 Vue.js 应用
        data(){return{seconds: 0}},                    //长按计时变量，初始为 0
        directives: {                                  //自定义指令选项集合
            longpress: {                               //自定义指令的名称
                mounted: function(el, {value: {fn,time},instance:_this}){
                    if (typeof fn !== 'function') return//没绑定函数直接返回
                    el._timer = null                   //定义定时器变量
                    el._timer1 = null                  //定义计时器变量
                    el._start = (e) => {    //创建计时器（time 毫秒后执行函数）
                        var s = new Date().getTime()    //获取按下开始时间
                        if (el._timer1 === null){
                            el._timer1 = setInterval(function(){
                                _this.seconds=(new Date().getTime()-
                                s)/1000
                            }, 100)         //计算长按的时间差，并实时显示
                        }
                        //e.type 表示触发的事件类型，如 mousedown、touchstart 等
                        //PC 端：e.button 表示按键，0 为鼠标左键，1 为中键，2 为右键
                        //移动端：e.touches 表示同时按下的键的个数
                        if ((e.type === 'mousedown' && e.button && e.
                        button !== 0) ||
                            (e.type === 'touchstart' && e.touches && e.
                            touches.length > 1)
                        ) return;
                        if (el._timer === null){//定时长按 time 毫秒后执行
                                                //回调函数
                            el._timer = setTimeout(() => {
                                fn()
                            }, time)
                            el.addEventListener('contextmenu',function(e){
                                e.preventDefault();
                            })              //取消浏览器默认事件，如右键弹窗
                        }
                    }
                    el._cancel = (e) => {   //如果 2s 内松手，则取消计时器
                        _this.seconds = 0               //清除计时
                        if (el._timer !== null){        //清除定时器
```

```
                                clearTimeout(el._timer)
                                el._timer = null
                            }
                            if (el._timer1 !== null){        //清除计时器
                                clearInterval(el._timer1)
                                el._timer1 = null
                            }
                        }
                        //添加计时监听
                        el.addEventListener('mousedown', el._start)
                        el.addEventListener('touchstart', el._start)
                        //添加取消监听
                        el.addEventListener('click', el._cancel)
                        el.addEventListener('mouseout', el._cancel)
                        el.addEventListener('touchend', el._cancel)
                        el.addEventListener('touchcancel', el._cancel)
                    },
                    unbind(el){                    //指令与元素解绑时，移除事件绑定
                        //移除计时监听
                        el.removeEventListener('mousedown', el._start)
                        el.removeEventListener('touchstart', el._start)
                        //移除取消监听
                        el.removeEventListener('click', el._cancel)
                        el.removeEventListener('mouseout', el._cancel)
                        el.removeEventListener('touchend', el._cancel)
                        el.removeEventListener('touchcancel', el._cancel)
                    },
                },
            },
            methods:{                              //定义实例方法
                longpress(){                       //定义关闭应用程序的回调函数
                    console.log('长按指令生效')     //提示信息
                    window.opener = null;
                    window.open("", "_self", "");
                    window.close()
                }
            }
        }).mount('#app')                           //绑定应用到 HTML 标签上
</script>
```

3.7　本　章　小　结

　　本章主要讲解 Vue.js 指令，包括内容渲染指令、属性绑定指令、条件渲染指令、列表渲染指令。其中内容渲染指令主要用于网页内容显示，属性绑定指令主要用于 HTML 标签属性设置，条件渲染指令和列表渲染指令主要用于在页面中动态控制内容显示，提升页面内容显示的效率和智能化。最后本章还讲解了自定义指令的用法，方便用户扩展 Vue.js 指令集。

3.8　课后习题

一、填空题

1．Vue.js 3 内置了 15 个指令，按用途不同可以分为 6 类：_____、_____、_____、_____、_____和_____。

2．常用的内容渲染指令包括_____和_____。

3．属性绑定指令包括_____、_____和_____。

4．条件渲染指令包括_____、_____、_____和_____。

5．列表渲染指令包括_____。

二、判断题

1．v-else 指令可以独立使用，当 v-if 条件为 false 时，显示被绑定的标签内容。　（　　）

2．多个 v-else-if 指令可以设计多条件控制结构。　（　　）

3．v-if 控制元素是否渲染到页面，v-show 控制元素是否显示。　（　　）

4．v-for 指令的功能与 JavaScript 的 for-of 语句类似，用于数据的重复渲染。　（　　）

5．使用:key 属性可以为列表结构设置关键字。　（　　）

三、选择题

1．（　　）语法可以更新元素的部分文本内容。

　　A．v-text　　　　B．v-html　　　　C．{{ }}　　　　D．v-bind

2．如果只渲染元素一次，应使用（　　）指令。

　　A．v-once　　　　B．v-pre　　　　C．v-cloak　　　　D．v-text

3．（　　）修饰符不能用于 v-bind 指令。

　　A．.camel　　　　B．.prop　　　　C．.attr　　　　D．.prevent

4．使用 v-for 指令不可以遍历（　　）对象。

　　A．字符串　　　　B．布尔值　　　　C．数字　　　　D．对象

5．（　　）函数仅可以用于自定义指令之中。

　　A．beforeCreate　　B．updated　　　C．update　　　D．mounted

四、简答题

1．什么是钩子函数？在自定义指令中可以使用的函数包含哪些？

2．自定义指令中的钩子函数包含哪些参数？

五、编程题

1．在页面中插入两个文本框、一个下拉菜单（包含+、-、*、/）和一个按钮，使用 Vue.js 编写。程序要求首先输入两个数字，然后使用下拉菜单选择一种运算法则，单击按钮时显示

运算结果。下拉菜单项目要求使用 v-for 指令动态生成，演示效果如图 3.20 所示。

图 3.20　演示效果

2．自定义 v-copy 指令，实现单击元素复制该元素包含的文本的功能。提示，可以定义一个复制函数，在函数中临时创建一个文本框，把当前元素包含的文本传递给这个临时文本框，再执行 document.execCommand('copy')命令将其值复制到剪切板。

第 4 章　计算属性和监听器

【学习目标】

- ⇥ 正确使用 computed 选项。
- ⇥ 理解计算属性的 get()和 set()方法。
- ⇥ 正确使用计算属性实现列表过滤。
- ⇥ 正确使用 watch 选项。
- ⇥ 理解 deep 和 immediate 选项。

在 Vue.js 中可以使用插值表达式将数据渲染到页面中，但是插值表达式多为简单运算，如果需要执行复杂运算，可以使用计算属性，计算属性允许声明式计算新值。如果在状态变化时需要执行带有副作用的操作，如更改 DOM、发起异步请求并根据响应结果修改状态等，可以使用监听器，监听器能够实时监听数据，当数据发生变化时执行回调函数完成指定操作。

4.1　计　算　属　性

计算属性实际上是一种可自动执行的函数，它能够根据已有的数据计算出新值，新值会被缓存起来，只有当依赖的数据发生变化时才会重新计算。在 Vue.js 中，计算属性常用于替代模板中复杂的表达式，以提高代码的可读性和维护性。

4.1.1　computed 选项

在 Vue.js 的 computed 选项中可以定义计算属性，具体语法格式如下：

扫一扫，看视频

```
var vm = Vue.createApp({
    computed: {                      //添加 computed 选项
        计算属性名(){                  //定义计算属性函数
            return 新值               //返回计算属性的值
        }
    }
});
```

计算属性比较适合对多个数据进行处理，然后返回一个新值，如果其中一个数据的值发生了变化，则绑定的计算属性也会发生变化。需要注意的是，计算属性中必须包含 return 返回值。

【示例 1】一般在 Vue.js 模板中定义 JavaScript 表达式会非常简便，Vue.js 的设计初衷也是用于简单运算。但是在模板中放入太多的逻辑，会让模板变得臃肿且难以维护。下面的示例直接在插值语法中通过表达式调用 3 个方法来实现字符串的翻转。

```
<div id="app">
    <input type="text" v-model="message">
    <p>翻转输入的字符串：{{message.split("").reverse().join("")}}</p>
```

```
    </div>
    <script>
        Vue.createApp({                          //创建一个应用程序实例
            data(){
                return{message: ""}             //初始化字符串变量
            },
        }).mount('#app')                         //在 DOM 上装载实例的根组件
    </script>
```

【示例 2】 下面的示例定义了一个计算属性，在 input 输入框中输入字符串时，绑定的 message 属性值发生变化，随之触发 reversed 计算属性的更新并执行对应的函数，最终使字符串翻转。

```
    <div id="app">
        <input type="text" v-model="message">
        <p>翻转输入的字符串：{{reversed}}</p>
    </div>
    <script>
        Vue.createApp({                          //创建一个应用程序实例
            data(){
                return{message: ""}             //初始化字符串变量
            },
            computed: {                          //定义 computed 选项
                reversed(){                      //新增计算属性 reversed
                    return this.message.split("").reverse().join("")
                }
            }
        }).mount('#app')                         //在 DOM 上装载实例的根组件
    </script>
```

在浏览器中运行程序，输入框下面则会显示字符串的翻转内容，演示效果如图 4.1 所示。当 message 属性值改变时，reversed 的值也会自动更新，并且会同步更新 DOM 部分内容。

图 4.1　字符串翻转效果

扫一扫，看视频

4.1.2　get()和 set()方法

在 computed 选项中，如果属性值为对象，则对象可以包含 get()和 set()方法，分别用于获取计算属性的值和设置计算属性的值。具体语法格式如下：

```
    var vm = Vue.createApp({
        computed: {                              //添加 computed 选项
            计算属性名: {                          //定义计算属性
                get(){                           //定义读取函数
                    return 新值                   //返回计算属性的值
```

```
        },
        set(参数){                                    //定义写入函数
            //修改属性值，或者执行其他逻辑
            //注意，get()方法需要使用 return 返回内容，而 set()方法不需要
        }
    }
  }
});
```

在默认情况下，计算属性只有 get()方法，其语法格式可以简写如下：

```
var vm = Vue.createApp({
    computed: {                                    //添加 computed 选项
        计算属性名(){                               //定义计算属性
            return 新值                            //返回计算属性的值
        }
    }
});
```

【示例】针对 4.1.1 小节中的示例 2，添加一个按钮，单击按钮将调用 f()方法，然后通过 set()方法修改计算属性的值。在浏览器中当单击"修改计算属性的值"按钮时，则 message 和 reversed 的值都发生变化，演示效果如图 4.2 所示。

```
<div id="app">
    <input type="text" v-model="message">
    <p>翻转输入的字符串：{{reversed}}</p>
    <button @click="f('123')" >修改计算属性的值</button>
</div>
<script>
    Vue.createApp({                                //创建一个应用程序实例
        data(){return{message: ""}},               //初始化字符串变量为空
        methods: {                                  //定义事件单击方法
            f(val){this.reversed = val}             //修改计算属性的值
        },
        computed: {
            reversed: {                             //定义计算属性的 get()和 set()方法
                get(){return this.message.split("").reverse().join("")},
                set(newValue){this.message = newValue}
            }
        }
    }).mount('#app')                                //在 DOM 上装载实例的根组件
</script>
```

（a）在文本框中输入字符串

（b）单击按钮修改计算属性

图 4.2　修改计算属性的值

注意

计算属性的 get()方法应负责计算，不要包含任何带有副作用的操作，如异步请求或者更改 DOM。

扫一扫，看视频

4.1.3 计算属性与实例方法比较

在 Vue.js 中不仅可以使用计算属性来计算新值，也可以使用实例方法实现，两者的区别如下：

（1）计算属性能够基于依赖的数据进行缓存，只有当依赖的数据发生变化时，才会重新计算；而实例方法不会关心依赖的数据，每次访问时都会重新执行。

（2）计算属性只用于动态属性绑定，或者在模板中使用"{{}}"语法时调用；而实例方法不仅可以在模板中使用"{{}}"语法调用，也可以通过其他方式调用，如 v-on 指令。

（3）计算属性适用于数据运算，而实例方法更适用于事件处理等操作。

【示例 1】在下面的示例中定义了 3 个方法：add1、add2 和 add3，分别递增变量 a、b 和 c。在浏览器中按 F12 键打开控制台，单击"a++"按钮，可以看到当调用 add1()方法时，其他两个方法也同时被调用，演示效果如图 4.3 所示。

```
<div id="app">
    <button @click="a++">a++</button>
    <button @click="b++">b++</button>
    <button @click="c++">c++</button>
    <p>{{add1()}}</p>
    <p>{{add2()}}</p>
    <p>{{add3()}}</p>
</div>
<script>
    Vue.createApp({                          //创建一个应用程序实例
        data(){
            return{a: 0, b: 0, c: 0}    //初始化 3 个变量为 0
        },
        methods: {                           //定义 3 个方法，分别在控制台和页面输出信息
            add1: function(){console.log("add1"); return this.a;},
            add2: function(){console.log("add2"); return this.b;},
            add3: function(){console.log("add3"); return this.c;}
        }
    }).mount('#app')                         //在 DOM 上装载实例的根组件
</script>
```

图 4.3　调用方法

【示例 2】针对示例 1 把 methods 选项改成 computed 选项，并把 HTML 中调用 add1、

add2 和 add3 方法的括号去掉。需要注意的是，计算属性的调用不能使用括号。

```
<div id="app">
    <button @click="a++">a++</button>
    <button @click="b++">b++</button>
    <button @click="c++">c++</button>
    <p>{{add1}}</p>
    <p>{{add2}}</p>
    <p>{{add3}}</p>
</div>
<script>
    Vue.createApp({                                    //创建一个应用程序实例
        data(){
            return{a: 0, b: 0, c: 0}                   //初始化 3 个变量为 0
        },
        computed: {                                    //定义 3 个计算属性
            add1: function(){console.log("add1"); return this.a;},
            add2: function(){console.log("add2"); return this.b;},
            add3: function(){console.log("add3"); return this.c;}
        }
    }).mount('#app')                                   //在 DOM 上装载实例的根组件
</script>
```

在浏览器中按 F12 键打开控制台，单击"a++"按钮，可以看到当调用 add1()方法时，其他两个方法并没有被调用，演示效果如图 4.4 所示。

图 4.4　调用计算属性

> **注意**
>
> 计算属性比实例方法更加优化，但并不是什么场景下都可以使用计算属性，在触发事件时建议使用实例方法，如果业务实现不需要缓存，也可以考虑使用实例方法。

4.1.4　过滤列表

在使用 v-for 指令渲染列表，同时又使用 v-if 指令过滤列表的情况下，推荐使用计算属性来代替 v-for 和 v-if 组合实现的功能，其优势如下：

（1）过滤后的列表只会在数组发生变化时才被重新计算，过滤更高效。

（2）使用 v-for 渲染计算属性时，只遍历已过滤后的项目，渲染更高效。

（3）结构与逻辑相互分离，可维护性更强。

【示例】下面的示例使用计算属性代替 v-for 和 v-if 的组合，实现数据列表的过滤，演示效果如图 4.5 所示。

扫一扫，看视频

```html
<div id="app">
    <h3>晋级学生列表</h3>
    <ul>
        <li v-for="student in out_students">{{student.name}}
        ({{student.id}})</li>
    </ul>
    <h3>出局学生列表</h3>
    <ul>
        <li v-for="student in in_students">{{student.name}}
        ({{student.id}})</li>
    </ul>
</div>
<script>
    Vue.createApp({                                 //创建一个应用程序实例
        data(){
            return {
                students: [                         //学生成绩列表
                    {id: "2023001", name: '张三', isOut: false},
                    {id: "2023002", name: '李四', isOut: true},
                    {id: "2023003", name: '王五', isOut: false},
                    {id: "2023004", name: '赵六', isOut: true},
                    {id: "2023005", name: '侯七', isOut: false}
                ]
            }
        },
        computed: {                                 //计算属性选项
            out_students(){                         //筛选出局学生列表
                return this.students.filter(student => student.isOut);
            },
            in_students(){                          //筛选晋级学生列表
                return this.students.filter(student => !student.isOut);
            }
        }
    }).mount('#app')                                //在 DOM 上装载实例的根组件
</script>
```

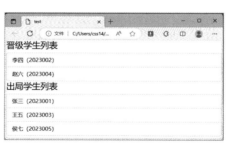

图 4.5　使用计算属性代替 v-for 和 v-if 组合的功能

4.2　监　听　器

在传统的 Web 开发中，常用定时器来监听数据，这种方法既浪费资源，又无法保证实时更新。Vue.js 使用监听器提供了一种更通用的方法来响应数据的变化。

4.2.1 watch 选项

在 Vue.js 的 watch 选项中可以定义监听器。监听器是一个对象，以键值对的形式表示。键是需要监听的数据，以标识符形式表示，如 name，也可以以字符串形式表示，如"name"；值是绑定的回调函数，包括两个参数。具体语法格式如下：

```
watch: {
    监听的数据(数据改变后的新值, 数据改变前的旧值) {
        //编写处理逻辑
    }
}
```

如果值是对象，则对象应该包含 handler 选项，用于设置数据变化时要调用的回调函数，该函数包含 2 个参数。具体语法格式如下：

```
watch: {
    监听的数据: {
        handler(数据变化后的新值, 数据变化前的旧值) {
            //编写处理逻辑
        }
    }
}
```

【示例1】下面的示例对实例变量 something 进行实时监测，并在控制台输出数据变化前后的值，演示效果如图 4.6 所示。

```
<div id="app">
    <input type="text" v-model="something" class="form-control">
</div>
<script>
    const vm = Vue.createApp({            //创建一个应用程序实例
        data(){
            return{something: ""}
        },
        watch: {
            something: {
                handler(newVal, oldVal){
                    console.log("新值:" + newVal);
                    console.log("旧值:" + oldVal);
                }
            }
        }
    }).mount('#app');                     //在指定 DOM 元素上装载应用实例的根组件
</script>
```

图 4.6 监听实例变量

【示例 2】针对示例 1，可以对 watch 选项进行简化，具体代码如下：

```
watch: {
    something(newVal, oldVal){
        console.log("新值:" + newVal);
        console.log("旧值:" + oldVal);
    }
}
```

【示例 3】下面的示例使用监听器分别监听数据 time 和 minute 的变化，当其中一个数据的值发生变化时，就会调用对应的监听器，经过计算得到一个新值，演示效果如图 4.7 所示。

```
<div id="app">
    <input type="text" v-model="time">小时===<input type="text" v-
    model="minute" >分钟
</div>
<script>
    Vue.createApp({                          //创建一个应用程序实例
        data(){
            return {time: 0, minute: 0}//初始化要监听的两个实例变量
        },
        watch: {
            time(val){                       //接收一个参数，表示是新值
                this.minute = val * 60;
            },
            minute(val, oldVal){             //接收两个参数，val 是新值，oldVal 是旧值
                this.time = val/60;
            }
        }
    }).mount('#app')                         //在 DOM 上装载实例的根组件
</script>
```

（a）输入小时数

（b）输入分钟数

图 4.7　监听等式

注意

不要使用箭头函数定义 watch 的回调函数，如 time: (val) =>{this.minute = val * 60}。因为箭头函数绑定了父级作用域的上下文，所以 this 将不会指向 Vue.js 实例，this.time 和 this.minute 都是 undefined。

拓展

计算属性与监听器的比较如下：

（1）计算属性拥有缓存特性，只有当依赖的数据发生变化时，才会执行计算，适用于计算或者格式化数据的场景。

（2）监听器用于数据监听，与监听的数据有关联，但是没有依赖，只要监听的数据发生变化，就会执行同步或异步操作，操作结果与监听的数据没有依赖关系。

4.2.2 监听方法

监听器可以绑定一个函数，也可以绑定方法。具体语法格式如下：

```
watch: {
    监听的数据: "方法名",
}
```

键名为要监听的数据，键值为方法名，以字符串形式传递。

【示例】针对 4.2.1 小节中的示例 3，本示例监听 time 和 minute，绑定的方法为 t 和 m。在文本框中使用 v-model 指令绑定 time 和 minute 属性，演示效果见图 4.7。

```
<div id="app">
    <input type="text" v-model="time">小时===<input type="text"
    v-model="minute">分钟
</div>
<script>
    Vue.createApp({                          //创建一个应用程序实例
        data(){
            return{time: 0, minute: 0}       //初始化要监听的两个实例变量
        },
        methods:{                            //定义两个方法，用于处理时分转换
            t(val){this.minute = val * 60;},
            m(val, oldVal){this.time = val/60;}
        },
        watch: {                             //监听方法
            time: "t",                       //监听 time 属性，并绑定方法 t
            minute: "m"                      //监听 minute 属性，并绑定方法 m
        }
    }).mount('#app')                         //在 DOM 上装载实例的根组件
</script>
```

4.2.3 绑定多个值

可以为一个监听器绑定多个值，多个值需要使用数组来传递，具体语法格式如下：

```
watch: {
    监听的数据: [Object, String, Function...]
}
```

如果元素为对象，则执行对象的 handler 选项设置的回调函数；如果元素为字符串，则执行字符串对应的方法；如果元素为函数，则直接执行该方法。

监听原则：每个都是独立的监听器，先监听的先执行。如果多个监听器监听同一个对象，只会渲染最后一次处理结果。

【示例】下面的示例在监听 message 时绑定了 3 个值：对象、字符串和函数。示例中的 value 都是一致的，只有 func1 获取了这个 value，其他监听器处理的都是上一步处理过的 copyMessage，演示效果如图 4.8 所示。

```
<div id="app">
    <input type="text" v-model="message">
    <p>{{copyMessage}}</p>
```

```
    </div>
    <script>
        const vm = Vue.createApp({              //创建一个应用程序实例
            data(){
                return{
                    message: 'Hello Vue',
                    copyMessage: ''
                }
            },
            watch: {                            //监听 message 时绑定 3 个值，以数组表示
                message: [{handler: 'func1',}, 'func2',
                        function (value){this.copyMessage = this
                        .copyMessage + '......';},]
            },
            methods: {
                func1(value){this.copyMessage = value;},      //方法 1，显示新值
                func2(value){this.copyMessage = this.copyMessage + '!!!';}
                                            //方法 2，添加后缀
            }
        }).mount('#app');                       //在指定 DOM 元素上装载应用实例的根组件
    </script>
```

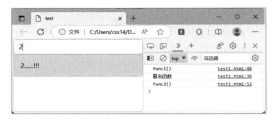

图 4.8　在监听数据时绑定 3 个值

扫一扫，看视频

4.2.4　监听对象属性

watch 选项支持监听的数据包含以“.”分隔的路径，这样可以对多层嵌套的对象的内部属性进行监听，具体语法格式如下：

```
watch: {
    "对象.子对象.属性" (数据改变后的新值，数据改变前的旧值){
        //编写处理逻辑
    }
}
```

路径以字符串的形式编写，并加上引号。因此，在一般数据的监听过程中，也可以为监听的数据加上引号，定义为字符串类型。

【示例】针对 4.2.3 小节中的示例，本示例把 time 和 minute 写入对象 obj，并使用路径语法格式监听这两个属性。

```
<div id="app">
    <input type="text" v-model="obj.time">小时===<input type="text"
    v-model = "obj.minute" >分钟</div>
<script>
    Vue.createApp({                              //创建一个应用程序实例
```

```
        data(){
            return {
                obj:{time: 0, minute: 0}        //把数据写入对象
            }
        },
        watch: {                                //通过路径语法格式进行监听
            "obj.time"(val){this.obj.minute = val * 60;},
            "obj.minute"(val, oldVal){this.obj.time = val/60;}
        }
    }).mount('#app')                            //在 DOM 上装载实例的根组件
</script>
```

4.2.5　立即监听

在默认状态下，watch 选项是惰性执行，即仅当数据变化时才会执行回调函数。但是在某些场景下，组件可能需要在创建时就立即执行一次回调函数，而不必等待数据的变化。这时就可以设置 immediate: true 选项，强制 watch 回调函数立即执行。

【示例】针对 4.2.1 小节中的示例 1，为实例变量 something 的监听器添加 immediate 选项，并设置其值为 true。当使用浏览器运行程序时，会立即执行一次 something 绑定的监听器回调函数，此时可以看到控制台显示输出的信息，演示效果如图 4.9 所示。

```
<div id="app">
    <input type="text" v-model="something">
</div>
<script>
    const vm = Vue.createApp({               //创建一个应用程序实例
        data(){
            return{something: ""}
        },
        watch: {
            something: {
                handler(newVal, oldVal){
                    console.log("新值:" + newVal);
                    console.log("旧值:" + oldVal);
                },
                immediate:true               //设置立即执行监听器回调函数
            }
        }
    }).mount('#app');                        //在指定 DOM 元素上装载应用实例的根组件
</script>
```

图 4.9　立即执行监听器回调函数

提示

回调函数的初次执行发生在 created 生命周期函数之前，Vue.js 此时已经处理了 data、computed 和 methods 选项，所以这些属性在第 1 次调用时是可用的。

4.2.6 深度监听

在默认状态下，watch 仅浅层监听一个数据，对于嵌套结构的数据，不会深入监听其内部属性的变化。例如，当监听一个对象或数组时，默认只会监听对象或数组的引用变化，而不会监听其内部属性值或元素值的变化。

如果要深度监听对象或数组，可以通过设置 deep:true 选项进行深度监听，这时对象内部每个属性的值发生变化时都会执行 handler 回调函数。

【示例】下面的示例监听一个 good 对象，在商品价格改变时显示不同的提示信息。

```
<div id="app">
    <p>商品名称：{{good.name}}</p>
    <p>商品报价：<input type="text" v-model="good.price"></p>
    <p v-show="good.price">当前报价：{{title}} <span v-show="good.price
    <100">元</span></p>
</div>
<script>
    Vue.createApp({                    //创建一个应用程序实例
        data(){
            return{
                title: '',             //提示信息变量
                good: {                //商品对象，包含 2 个字段：商品名称和商品价格
                    name: '《Vue.js 从入门到精通》',
                    price: 0
                }
            }
        },
        watch: {
            good: {                    //监听商品对象
                handler: function (newValue, oldValue){
                                       //在 good 对象的属性改变时被调用
                    if (newValue.price >= 100){this.title = "超出限价，请重
                    新填写";
                    }else{this.title = newValue.price;}
                },
                deep: true             //无论属性被嵌套多深，改变时都会调用回调函数
            }
        }
    }).mount('#app')                   //在 DOM 上装载实例的根组件
</script>
```

使用浏览器运行程序，在输入框中输入 26，下面会显示当前报价信息；修改为 126，下面会提示"超出限价，请重新填写"的提示信息，演示效果如图 4.10 所示。

（a）初始状态

（b）修改商品价格为26

（c）修改商品价格为126

图4.10　深度监听对象

📢 **注意**

深度监听需要遍历被监听对象中的所有嵌套结构，如果监听大型数据结构，要关注性能；如果仅监听对象的某个属性，可以使用点号（.）路径，然后使用单引号（'）或双引号（""）将其包裹起来，如"good.price"。

扫一扫，看视频

4.2.7　触发时机

在默认情况下，监听器的回调函数会在 Vue.js 组件更新之前被调用，因此在监听器回调函数中访问的 DOM 将是被 Vue.js 更新之前的状态。如果在监听器回调函数中访问被 Vue.js 更新之后的 DOM，需要设置 flush: 'post'。

flush 选项可以设置 watch 回调函数在何时执行，其取值包含以下 3 个。

（1）sync：同步执行，即回调函数直接执行。

（2）pre：默认值，在组件更新前执行回调函数。

（3）post：在组件更新后执行回调函数，但是需要等待所有依赖项都更新后才执行。

【示例 1】下面的示例使用默认方式来监听实例变量 n，并把 n 的值作为按钮的标签名进行显示。当单击按钮调用 add() 方法改变变量 n 的值时，通过监听器可以观察到：通过 document.querySelector('#test').innerText 方式获取 n 的值虽然还是原来的值，但此时 n 的值已经发生变化，演示效果如图 4.11 所示。

```
<div id="app">
    <button id="test" @click="add" class="btn btn-primary"> {{n}}
    </button>
</div>
<script>
    const vm = Vue.createApp({          //创建一个应用程序实例
      data(){
          return{n: 1000}              //初始化变量 n 为 1000
      },
      watch: {
          n(value){                    //监听变量 n
              console.log("n=" + value)
              console.log("innerText=" + document.querySelector
              ('#test').innerText);
          },
      },
      methods: {                       //对变量 n 进行算术运算
```

71

```
          add(){this.n = this.n * 5 + 50}
      }
  })).mount('#app');                    //在指定 DOM 元素上装载应用实例的根组件
</script>
```

图 4.11　flush: 'pre'默认方式监听

【示例 2】针对示例 1，为监听的变量 n 设置 flush:'post'选项，设置在组件更新后执行回调函数，其他代码保持不变，演示效果如图 4.12 所示。从图 4.12 可以看到 DOM 更新后，使用 document.querySelector('#test').innerText)获取的值与 value 是一致的。

```
watch: {
    n: {
        handler(value){                    //监听的回调函数
            console.log("n=" + value)
            console.log("innerText=" + document.querySelector('#test')
            .innerText);
        },
        flush: 'post'                      //定义在组件更新后执行回调函数
    }
},
```

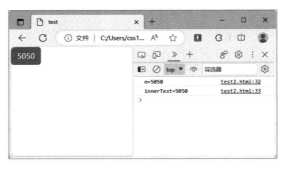

图 4.12　flush: 'post'方式监听

4.2.8　停止监听器

监听器在宿主组件卸载时自动停止，因此一般不需要关心如何停止监听器。如果希望在组件卸载之前就停止一个监听器，可以调用$watch()方法返回的函数。具体语法格式如下：

```
const unwatch = this.$watch('foo', callback)    //定义监听器
unwatch()                                        //当不再需要该监听器时，停止监听
```

4.3　案 例 实 战

4.3.1　设计 RGB 配色器

【**案例**】本案例设计一个 RGB 配色器，在页面内提供 3 个数字文本框，允许用户输入 0～255 的任意整数。然后通过计算属性实时计算 RGB 值，同时显示该值并将其设置为演示色块的背景色。如果单击"在控制台输出 RGB 值"按钮，可以把 RGB 颜色值输出到控制台，演示效果如图 4.13 所示。

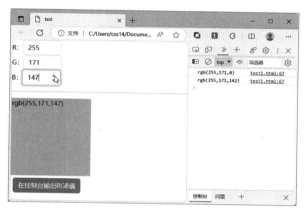

图 4.13　设计 RGB 配色器

（1）新建 HTML 文档，构建页面基本结构。

```
<div id="app">
    <div>
        <span>R: </span><input type="number" min="0" max="255" v-
        model.number="r">
    </div><div>
        <span>G: </span><input type="number" min="0" max="255" v-
        model.number="g">
    </div><div>
        <span>B: </span><input type="number" min="0" max="255" v-
        model.number="b">
    </div><hr>
    <!--专门向用户呈现颜色的 div 盒子 -->
    <div class="box" :style="{backgroundColor: rgb}"> {{rgb}}</div>
    <button @click="show">在控制台输出 RGB 值</button>
</div>
```

（2）创建一个 Vue.js 实例，初始化 r、g、b 三原色变量为 0。在 computed 选项中定义 rgb 属性，在 methods 选项中定义输出显示的方法 show()。

```
<script>
    Vue.createApp({                    //创建一个应用程序实例
        data(){                        //初始化实例数据
            return{r: 0, g: 0, b: 0}
        },
```

```
            methods:{                          //单击按钮，在终端显示最新的颜色
                show(){console.log(this.rgb)}
            },
            //所有计算属性都要定义到 computed 选项中
            computed: {//rgb 作为计算属性，被定义成方法格式，返回 rgb(x,x,x)的字符串
                rgb(){return 'rgb(${this.r},${this.g},${this.b})'}
            }
        }).mount('#app')                        //在 DOM 上装载实例的根组件
</script>
```

扫一扫，看视频

4.3.2　设计购物车页面

　　【案例】在电商网站中经常需要设计购物车页面，购物车页面中会显示商品名称、商品单价、商品数量、单项商品的合计价格，最后还会有一个购物车中所有商品的总价。本案例使用 Vue.js 的计算属性设计一个简单的购物车页面，演示效果如图 4.14 所示。

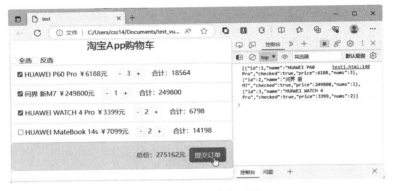

图 4.14　设计购物车页面

　　（1）为了简化流程，本案例直接在代码中给出所有的商品信息，实际应用中可能需要从后台异步请求获取。Vue 实例的 data 选项代码如下：

```
data(){
    return{
        list: [{id: 1, name: 'HUAWEI P60 Pro', checked: true, price:
        6188, nums: 1,},
        {id: 2, name: '问界 新M7', checked: true, price: 249800, nums:
        1,},
        {id: 3, name: 'HUAWEI WATCH 4 Pro', checked: true,
        price: 3399, nums: 2,},
        {id: 4, name: 'HUAWEI MateBook 14s', checked: true, price:
        7099, nums: 1,},
        ],
    }
},
```

　　购物车中的单项商品金额是动态的，根据商品的单价和商品的数量计算得到。此外，所有商品的总价也是动态的，所以这两种数据就不适合在 data 选项中初始化。

　　（2）单项商品金额采用插值表达式的方法来实现：{{item.nums*item.price}}，总价采用计算属性来实现，代码如下：

```
computed: {
```

```
sumPrice(){                                          //总价计算
    return this.list.filter(item => item.checked).reduce((pre, cur) =>
    {return pre + cur.nums * cur.price;}, 0);
    },
},
```

（3）根据数据渲染商品列表，模板结构代码如下：

```
<div id="app">
    <h3 align="center">淘宝 App 购物车</h3>
    <div>
        <label><input type="checkbox" v-model="checkAll">全选</label>
        <label><input type="checkbox" v-model="checkNo">反选</label>
    </div>
    <ul>
        <li v-for="(item,index) in list" :key="item.id">
            <div>
                <label><input type="checkbox" v-model="item.checked">
                {{item.name}}
                </label>
                ¥{{item.price}}元  
                <button type="button" @click="item.nums>1?item.nums-=
                1:1">-</button>
                {{item.nums}}
                <button type="button" @click="item.nums+=1">+</button>
                  
                合计: {{item.nums*item.price}}
            </div>
        </li>
    </ul>
    <p align="right">总价: {{sumPrice}}元  <button type="button"
    @click="save">提交订单</button></p>
</div>
```

在列表项目中，使用 v-for 指令时，同时使用了 key 属性（:key="item.id"）。商品数量的左右两边各添加了一个减号和加号按钮，用于递减和递增商品数量，当商品数量为 1 时，不允许再递减数量。此外，由于这两个按钮的功能简单，所以在使用 v-on 指令时，没有绑定 click 事件处理方法，而是直接使用了 JavaScript 表达式。单个商品总价通过{{item.nums*item.price}}表达式直接计算，所有商品总价通过计算属性{{sumPrice}}来输出。

（4）单击"提交订单"按钮时，把用户确认的选购信息以 JSON 字符串的形式提交到控制台显示，实际应用中会提交给后台进行处理。具体代码如下：

```
methods: {
    save(){                                          //提交订单处理函数
        console.log(JSON.stringify(this.list.filter(item => item.checked)));
    }
},
```

4.3.3　设计情绪温度计

【案例】本案例使用计算属性制作动态心情滑块的特效，演示效果如图 4.15 所示。

扫一扫，看视频

图 4.15　设计情绪温度计

（1）新建 HTML 文档，构建应用程序的结构。

```
<div id="slider">
    <label for="range" :style="{'color':getHappinessColor}">情绪温度:
    {{val}} ℃</label>
    <input type="range" name="" id="range" min="0" max="100" v-
    model="val">
    <div class="slider outer">
        <label class="slider inner" :style="{'width':val+'%', 'border-
        radius':greaterThanFifty}">
            <span :style="{'right':getPlacement}">{{getHappiness}}</span>
        </label>
    </div>
</div>
```

整个结构包含两部分：标签和滑块控件、模拟滑块样式层。

（2）将标签<label>与滑块<input type="range">绑定在一起，在<label>中显示情绪值
{{val}}，字体颜色通过计算属性 getHappinessColor 控制。

```
getHappinessColor: function(){//获取颜色，可以随意更改数值，让上方颜色过渡更加自然
    return 'rgba(255, ${106 + (103/100 * this.val)}, ${(Math.floor
    (this.val * -1/7.692)) + 13}';
},
```

（3）主要动画效果包括字体和进度条，以及表情符号随情绪温度变化而变化。滑块的颜
色应该与预先设置好的颜色进行绑定，颜色可随意更改，情绪温度的值也应随 val 值变动。

（4）滑块<input type="range">的值与实例变量 val 动态绑定（v-model="val"），变动范
围为 0～100。为了与下方模拟滑块层的填充颜色的范围同步，val 写入了计算属性。在 CSS
样式表中定义滑块透明度为 0（opacity: 0;），透明显示，以便显示定位到底层的模拟滑块层。

（5）该样式层包含 3 个嵌套标签。外层<div class="slider outer">为包含框，灰色背景，
定义为滑槽底色；中间层<label>为滑槽高亮色，表示滑块的范围，使用:style="{'width':val+'%',
'border-radius':greaterThanFifty}"指令，与实例变量 val 进行动态绑定，定义其显示宽度。边框
圆角通过计算属性 greaterThanFifty 定义。

```
greaterThanFifty: function(){        //val 值大于 50 之后，边框的变化可以省略或不绑定
    return this.val > 50 ? 'var(--roundness)' : '0';
},
```

（6）内层<span>定义情绪图标，通过绝对定位显示在最上层。

```
<span :style="{'right':getPlacement}">{{getHappiness}}</span>
```

（7）图标的效果通过计算属性 getHappiness 获取。

```
getHappiness: function(){            //将 val 值与所有表情绑定
    let mood;
```

```
        if (this.val == 0){mood = "😡"}
        else if (this.val < 10){mood = "😠"}
        else if (this.val < 20){mood = "😣"}
        else if (this.val < 30){mood = "😟"}
        else if (this.val < 40){mood = "🙁"}
        else if (this.val < 50){mood = "😐"}
        else if (this.val < 60){mood = "🙂"}
        else if (this.val < 70){mood = "😊"}
        else if (this.val < 80){mood = "😄"}
        else if (this.val < 90){mood = "😆"}
        else if (this.val < 100){mood = "😁"}
        else if (this.val == 100){mood = "😎"}
        return mood;
    }
```

（8）图标的位置通过:style="{'right':getPlacement}"指令动态确定。计算属性 getPlacement 获取位置，并与 val 进行绑定。

```
getPlacement: function(){
    return '${(-0.009 * ((this.val * -1) + 104))}em';
},
```

4.3.4 计算属性求和方法

在计算属性中经常需要对列表数据进行求和或者执行汇总操作。本小节通过案例的形式演示计算属性中的 7 种求和方法。

（1）构建一个演示示例结构。

```
<div id="app">
    <ul class="list-group">
        <li v-for="(item,index) in goods" :key="item.id"> {{item.name}}
        ￥{{item.price}}元 </li></ul>
    <p>总价: {{totalPrice1}}元</p>
</div>
<script>
const vm = Vue.createApp({                //创建一个应用程序实例
    data(){
        return {
            goods: [                      //待操作的数据集合
                {id: 1, name: 'HUAWEI P60 Pro', price: 6188},
                {id: 2, name: '问界 新M7', price: 249800},
                {id: 3, name: 'HUAWEI WATCH 4 Pro', price: 3399},
                {id: 4, name: 'HUAWEI MateBook 14s', price: 7099},
            ]
        }
    },
}).mount('#app');                         //在指定 DOM 元素上装载应用实例的根组件
</script>
```

（2）第 1 种方法使用 for 语句。

```
computed: {
    totalPrice1: function(){
```

```
    let total = 0;                          //初始循环变量为 0，然后逐一循环求和
    for (let i = 0; i < this.goods.length; i++){total +=
    this.goods[i].price;}
    return total;                           //返回求和值
},
}
```

（3）第 2 种方法使用 forEach()方法。

```
totalPrice2: function(){
    let total = 0;                          //初始迭代变量为 0，然后迭代每个元素并求和
    this.goods.forEach((item) => {total += item.price})
    return total;                           //返回求和值
}
```

（4）第 3 种方法使用 for-in 语句。

```
totalPrice3: function(){
    let total = 0;                          //初始循环变量为 0，然后逐一循环求和
    for (let i in this.goods){total += this.goods[i].price}
    return total;                           //返回求和值
}
```

（5）第 4 种方法使用 for-of 语句。

```
totalPrice4: function(){
    let total = 0;                          //初始循环变量为 0，然后逐一循环求和
    for(let value of this.goods){total += value.price}
    return total;                           //返回求和值
}
```

（6）第 5 种方法使用 map()方法。

```
totalPrice5: function(){
    this.goods.map((item)=>{total += item.price})    //迭代数组
    return total;                           //返回求和值
}
```

（7）第 6 种方法使用 filter()方法。

```
totalPrice6: function(){
    let total = 0;                          //初始迭代变量为 0，然后迭代每个元素并求和
    this.goods.filter((item)=>{total += item.price})
    return total;                           //返回求和值
}
```

（8）第 7 种方法使用 reduce()方法。

```
totalPrice7: function(){
    return this.goods.reduce((currentTotal,item)=>{return currentTotal +
    item.price},0)
}
```

扫一扫，看视频

4.3.5　解决深度监听新旧值相同的问题

【案例】为了快速引入问题，本案例以 4.2.6 小节中的示例为基础，在 handler 回调函数

中添加 5 行代码，具体代码如下：

```
watch: {
    good: {                                    //监听商品对象
        handler: function(newValue, oldValue){  //在 good 对象的属性改变时被调用
            console.log("新的值:" + newValue);
            console.log("新的价格:" + newValue.price);
            console.log("旧的值:" + oldValue);
            console.log("旧的价格:" + oldValue.price);
            console.log("是否相等:" + (oldValue === newValue));
            //...
        },
        deep: true                              //无论属性被嵌套多深，改变时都会调用回调函数
    }
}
```

在浏览器中预览，按 F12 键打开控制台，然后在文本框中输入新值，修改 good 对象的 price 属性值，演示效果如图 4.16 所示。

图 4.16 深度监听新旧值相同

 提示

对于引用类型数据，赋值指向的是地址，地址指向的是堆区存储的值，所以新旧值一样，都指向堆的同一个空间，引用的是地址。一旦改变引用对象中某个属性的值，原始对象也会被改变。这显然不符合设计初衷，失去了 oldValue 的作用，当然可以把监听的数据 good 变成字符串"good.price"，但是这样又不属于对象监听了，而是回到了最初的监听字符串。针对此问题，可以有以下两种解决方案。

1. 使用序列化和反序列化

首先定义一个计算属性，把监听的对象字符串序列化，其次再反序列化，实现对原对象的深复制。利用深复制创建出一个指向新空间的新地址。在属性发生改变时，与原对象值互不干扰，这里运用了 computed 计算属性的暂缓特性来赋值。最后通过监听这个计算属性进行深复制，演示效果如图 4.17 所示。

```
watch: {
    newGood: {                                     //监听商品深复制对象
        handler: function (newValue, oldValue){    //在 good 深复制对象的属性改
                                                   //变时被调用
            if(newValue.price >= 100){
                this.title = "超出限价，请重新填写";
            } else{this.title = newValue.price;}
        },
        deep: true                                 //无论属性被嵌套多深，改变时都会调用回调函数
```

```
        }
    },
    computed: {
        newGood(){                                   //使用计算属性进行深复制
            return JSON.parse(JSON.stringify(this.good))
        }
    }
```

图 4.17　深复制后再监听

 提示

　　这种方式的优点是简单直接，但这种深复制方式容易带来性能问题，并且会丢失原有的原型链。另外，如果遇到 unidentified 等特殊值时会报错，如将 NaN 序列化成 null 等问题。所以通常而言，使用下面的方法会更优一些。

2．定义手写深复制函数

　　（1）在 methods 选项中定义一个深复制的方法。

```
methods: {
    deepClone(source){                              //深复制复合型数据方法
        let target = null;                          //返回值初始为 null
        if(!this.isArray(source) && !this.isObject(source)){
                                                    //如果不是数组或对象，
            target = source;                        //则直接复制
        }
        if(this.isArray(source)){                   //深复制数组
            target = [];                            //临时数组
            for(let i = 0; i < source.length; i++){ //遍历数组
                target[i] = this.deepClone(source[i]);  //递归复制内部子结构
            }
        }
        if(this.isObject(source)){                  //深复制对象
            target = {};                            //临时对象
            for(let key in source){                 //遍历对象
                target[key] = this.deepClone(source[key]);//递归复制内部子结构
            }
        }
        return target;                              //返回深复制的数据
    },
    isArray(value){                                 //工具函数，判断是否为数组
        return Object.prototype.toString.call(value) === '[object Array]';
    },
```

```
    isObject(value){                                    //工具函数，判断是否为对象
        return Object.prototype.toString.call(value) === '[object Object]';
    }
}
```

（2）在计算属性中使用 deepClone()方法替换 JSON 的方法实现对对象的深复制。

```
computed: {
    newGood(){                                          //使用计算属性进行深复制
        return this.deepClone(this.good)
    }
},
```

扫一扫，看视频

4.3.6　设计投票器

【案例】本案例使用监听器设计投票器效果，该投票器满足以下需求。

❥ 当每次添加投票记录时，需要清空投票数量。

❥ 当投票数小于 0 时，初始化其值为 0，避免出现负数票数。

❥ 对投票进行监听，每次单击"添加记录"按钮，会显示姓名和得票数。

❥ 对投票数据进行监听，发现新添记录后，实时对得票数进行排序，高票在前，低票在后。

在浏览器中运行程序，添加记录后，单击"添加记录"按钮，会在底部列表中显示总票榜，演示效果如图 4.18 所示。

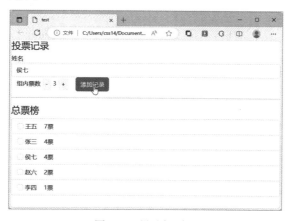

图 4.18　设计投票器

（1）新建 HTML 文档，构建应用程序结构。

```
<div id="app">
    <h3>投票记录</h3>
    <div>姓名<input id="name" v-model="name"/>  组内票数
        <button type="button" @click="cut">-</button>{{count}}<button type=
        "button" @click="add">+</button>   <button v-on:click=
        "addCart"> 添加记录</button>
    </div>
    <div v-show="list.length"><hr>
        <h3>总票榜</h3>
        <ul
            <li v-for="(item,index) in list" :key="index">
```

81

```
                            <input type="checkbox" v-model="item.checked">
                            {{item.name}}     {{item.count}}票 </li>
            </ul>
        </div>
</div>
```

整个页面包含两部分：第 1 部分为投票记录，第 2 部分为总票榜。在第 1 部分中，定义一个动态文本框，使用命令 v-model="name"绑定变量 name。在 Vue.js 实例的 data 选项中预先定义 3 个实例变量：name（姓名）、count（票数）和 list（总票榜数组）。

（2）单击减号按钮，将调用 methods 选项中的 cut()方法；单击加号按钮，将调用 methods 选项中的 add()方法。实现递减和递加票数。

```
cut(){this.count = this.count - 1},
add(){this.count = this.count + 1},
```

（3）单击"添加记录"按钮，将调用 methods 选项中的 addCart()方法，实现把记录添加到实例变量 list 数组中。在添加时，需要检测文本框是否为空，如果为空，则禁止提交，并让文本框处于焦点状态。检测票数是否为 0，如果为 0，则需要设置其值为 1，因为既然已经投票了，说明至少存在 1 票。检测总票数组是否存在重复项，即相同姓名的元素，如果存在，则需要把它们合并为一个元素，并把票数进行汇总求和。

```
addCart(){
    if (!this.name.trim()){              //检测文本框是否为空
        document.getElementById("name").focus();
        return false                     //返回，禁止再添加操作
    }
    if(!this.count){this.count = 1}      //检测提交的票数是否为0，如果为0，则初始为1
    for(var i = 0; i < this.list.length; i++){      //变量总票数组
        if(this.list[i].name == this.name.trim()){   //如果发现重名的元素
            this.list[i].count = this.list[i].count + this.count
                                         //则合并元素，求和汇总票数
            return false                 //返回，不再继续下面的添加新元素操作
        }
    };
    this.list.push({                     //添加新记录
        name: this.name.trim(),          //添加姓名时，清除两侧的空字符
        count: this.count                //添加票数
    })
}
```

（4）为总票榜添加一个条件包含框<div v-show="list.length">，只有当存在记录时，才显示榜单。

（5）使用 v-for="(item,index) in list"指令把每位得票的同学榜单渲染出来。本案例用到 3 个变量，因此分别对这 3 个变量进行监听。

```
watch: {
    count: function (newVal, oldVal){   //监听count，当小于0时，初始其值为0
        if(newVal < 0){this.count = 0}
    },
    name: function(){this.count = 0},    //监听name，当输入新名称时，恢复count为0
    list:{//深度监听list数组，对变化后的数组进行排序，倒序排序
        handler(value){value.sort(function (x, y){   //根据list数组元素的
                                                     //count键排序
```

```
            return y.count - x.count})           //倒序排序
        },
        deep: true                               //设置深度监听
    },
}
```

4.3.7　设计省、市、区三级联动

【案例】本案例使用监听器设计三级联动动态效果，实现省、市、区三级行政区域选项
自动联动，演示效果如图 4.19 所示。

图 4.19　设计省、市、区三级联动效果

（1）定义一个数据源。本案例采用网上共享数据，为了便于演示，仅截取局部样板数
据。数据结构简单显示如下：

```
var provice = [
        {
            name: "北京市",
            city: [
                {
                    name: "北京市",
                    districtAndCounty: ["东城区", ...]
                }
            ]
        },...]
```

数据源根结构是一个数组，包含全国省市数据。每个元素表示一个省或直辖市，为一个
对象，对象的 name 字段保存省名或直辖市名；city 字段保存全省或直辖市下辖的所有市或
区，为一个数组。每个元素表示一个省辖市，为一个对象，对象的 name 字段保存省辖市的
名称；districtAndCounty 字段保存省辖市下辖的所有区或县名，为一个数组。

（2）在 Vue.js 实例的 data 选项中初始化 6 个数据。

```
data(){
    return{
        arr: provice,                            //获取数据源
        prov: '北京市',                          //省下拉菜单默认显示的值
        city: '北京市',                          //市下拉菜单默认显示的值
        district: '东城区',                      //区下拉菜单默认显示的值
        cityArr: [],                             //市下拉菜单选项数组
        districtArr: []                          //区下拉菜单选项数组
    }
},
```

（3）在 Vue.js 实例的 methods 选项中定义 2 个方法，分别用于更新市下拉菜单选项数组 cityArr 和区下拉菜单选项数组 districtArr。

```
methods: {
    updateCity: function(){              //更新市下拉菜单选项数组 cityArr
        for(var i in this.arr){          //遍历原数据源
            var obj = this.arr[i];       //获取每个元素
            if (obj.name == this.prov){  //如果当前元素的 name 字段值等于 prov 变量值
                this.cityArr = obj.city;  //获取当前省下的所有市，为数组
                break;
            }
        }
        this.city = this.cityArr[0].name;  //更新当前市下拉菜单要显示的市名
    },
    updateDistrict: function(){          //更新区下拉菜单选项数组 districtArr
        for(var i in this.cityArr){      //遍历当前市数组
            var obj = this.cityArr[i];   //获取每个元素
            if (obj.name == this.city){  //如果当前元素的 name 字段值等于 city 变量值
                this.districtArr = obj.districtAndCounty;
                                          //获取当前市下所有区，为数组
                break;
            }
        }
        this.district = this.districtArr[0];  //更新当前区下拉菜单要显示的区名
    }
},
```

（4）构建应用程序的 HTML 结构。

```
<div id="app">
    <select v-model="prov">
        <option v-for="option in arr" :value="option.name">
        {{option.name}} </option>
    </select>
    <select v-model="city">
        <option v-for="option in cityArr" :value="option.name">
        {{option.name}} </option>
    </select>
    <select v-model="district">
        <option v-for="option in districtArr" :value="option"> {{option}}
        </option>
    </select>
</div>
```

3 个下拉菜单的结构比较相似，分别动态绑定省、市、区对应的变量：v-model="prov"、v-model="city" 和 v-model="district"。下拉菜单项分别列表渲染原数据源（v-for="option in arr"）、市数组（v-for="option in cityArr"）及区数组（v-for="option in districtArr"）。

（5）在 watch 选项中，分别监听 prov 和 city 变量的值，如果变量的值发生变化，及时更新下级关联的数组。

```
watch: {
    prov: function(){                    //监听省变量 prov
```

```
        this.updateCity();                          //更新市数组
        this.updateDistrict();                      //更新区数组
    },
    city: function(){                               //监听市变量 city
        this.updateDistrict();                      //更新区数组
    }
}
```

（6）在实例挂载之前先执行一遍方法，也可以在监听器中直接设置 immediate: true 选项。

```
beforeMount: function(){
    this.updateCity();                              //更新市数组
    this.updateDistrict();                          //更新区数组
},
```

4.4　本章小结

本章主要讲解了 Vue.js 的计算属性和监听器，计算属性可以替代模板中复杂的插值表达式，监听器可以监听和响应数据的变化。这两个选项都是惰性运算，只有关联的数据发生变化时才进行响应，但是它们应用的场景不同，计算属性适用于计算或格式化数据的场景，监听器适用于数据监听并能够响应同步或异步操作。

4.5　课后习题

一、填空题

1．在 Vue.js 的_____选项中可以定义计算属性。
2．在 Vue.js 的_____选项中可以定义监听器。
3．如果计算属性的值为对象，可以包含_____和_____方法。
4．设置_____选项可以强制 watch 回调函数立即执行。
5．设置_____选项可以进行深度监听。

二、判断题

1．计算属性比较适合对多个数据进行处理，然后返回一个新值。　　　　（　　　）
2．在默认情况下计算属性只有 set()方法。　　　　　　　　　　　　　　（　　　）
3．计算属性在每次访问时都会执行运算。　　　　　　　　　　　　　　（　　　）
4．监听器可以绑定一个函数，也可以绑定方法。　　　　　　　　　　　（　　　）
5．在默认状态下 watch 选项是惰性执行，即仅当数据变化时才会执行回调函数。（　　　）

三、选择题

1．flush 选项可以设置 watch 回调函数在何时执行，（　　　）取值是非法的。
　　A．sync　　　　　　　B．pre　　　　　　C．post　　　　　　　D．bind
2．如果要深度监听对象或数组，可以设置（　　　）选项。

A．deep:true   B．deep:false   C．immediate: true   D．immediate: false

3．如果监听器的值为数组，则数组的元素不能包含（   ）值。

A．对象   B．数组   C．字符串   D．函数

4．监听器绑定的回调函数包含 2 个参数，其中第 1 个参数是（   ）。

A．监听对象   B．组件实例   C．改变后的新值   D．改变前的旧值

5．把数据转换为首字母大写格式输出显示，最优方法是使用（   ）。

A．计算属性   B．实例方法   C．监听器   D．插值表达式

四、简答题

1．简述 Vue.js 计算属性与实例方法两者的区别。

2．什么是计算属性和监听器？它们有什么不同？

五、编程题

1．本章中的实例演示了使用监听器设计三级联动选项，请尝试使用计算属性设计一个三级联动的选项组件。

2．有一个用户列表页面，用户列表支持性别筛选与搜索。请尝试使用监听器监听性别单选按钮组和搜索文本框的变化，能够实时响应并更新用户列表，类似效果如图 4.20 所示。

图 4.20 用户列表页面

第5章 事件处理

【学习目标】

➥ 正确使用 v-on 指令。

➥ 熟悉各种事件修饰符。

➥ 灵活操作键盘事件和鼠标事件。

事件处理是 Vue.js 最重要的一部分，用于处理用户交互，构建交互式 Web 应用程序。前面章节的示例中曾经介绍过如何使用 v-on 指令定义事件，很多时候会使用简写的@代替 v-on 指令。对于网页应用来说，主要事件包括两大类：键盘事件和鼠标事件。

5.1 使用事件指令

在 Vue.js 模板中可以使用 v-on 指令监听 DOM 事件，并在事件触发时执行绑定的回调函数。

扫一扫，看视频

5.1.1 v-on 指令

v-on 指令主要用于给元素绑定事件监听器（回调函数）。其语法格式如下：

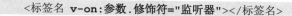

```
<标签名 v-on:参数.修饰符="监听器"></标签名>
```

简写语法如下：

```
<标签名 @参数.修饰符="监听器"></标签名>
```

具体说明如下：

（1）参数为事件类型，如 abort、blur、change、click、dblclick、error、focus、keydown、keypress、keyup、load、mousedown、mousemove、mouseout、mouseover、mouseenter、mouseleave、mouseup、reset、resize、select、submit、unload 等。

（2）修饰符可以控制事件的响应行为，详细说明请参考 5.1.2 小节中的内容。

（3）监听器为一个方法或一个内联声明。内联声明就是一个表达式，如<button @click="count++">递增变量的值</button>中的 "count++" 或方法调用。在方法调用时，可以传递参数等。如果有修饰符，也可以省略监听器。

当用于普通元素时，只监听原生 DOM 事件；当用于自定义元素组件时，则监听子组件触发的自定义事件。

【示例 1】下面的示例设计一个简单的鼠标单击事件监听按钮。

```
<div id="demo">
    <button v-on:click="fn">v-on 指令测试按钮</button>
</div>
<script>
    Vue.createApp({                                    //创建 Vue.js 应用
```

```
        methods:{                                    //实例方法集
            fn(){console.log("触发单击事件")}         //事件处理函数
        }
    }).mount('#demo')                                //绑定应用到 HTML 标签上
</script>
```

【示例 2】下面的示例使用@[event]设计一个动态事件监听按钮。为实例变量 event 指定不同的事件类型，并自动进行监听和响应，如双击事件 dblclick，则双击按钮后将进行响应。

```
<div id="demo">
    <button @[event]="fn">v-on 指令测试按钮</button>
</div>
<script>
    Vue.createApp({                                  //创建 Vue.js 应用
        data(){                                      //定义应用的数据选项
            return{event:"dblclick"}                 //指定动态事件的类型
        },
        methods:{                                    //实例方法集
            fn(){console.log("触发单击事件")}         //事件处理函数
        }
    }).mount('#demo')                                //绑定应用到 HTML 标签上
</script>
```

【示例 3】v-on 支持绑定不带参数的对象，此时不再支持任何修饰符。绑定对象包含一个或多个事件类型与监听器的键值对。

```
<div id="demo">
    <button v-on="{mouseover:over, mouseout:out}">v-on 指令测试按钮</button>
</div>
<script>
    Vue.createApp({                                  //创建 Vue.js 应用
        methods:{
            over(event){event.target.innerHTML = "鼠标移入"},
                                                     //鼠标移入事件处理函数
            out(event){event.target.innerHTML = "鼠标移出"}
                                                     //鼠标移出事件处理函数
        }
    }).mount('#demo')                                //绑定应用到 HTML 标签上
</script>
```

【示例 4】当监听原生 DOM 事件时，监听器接收原生事件对象作为唯一参数。如果要传递参数，需要使用内联声明，通过特殊的变量$event 来传递原生事件对象。本示例通过$event 变量改变原生事件对象在参数中的位置。

```
<div id="demo">
    <button @click="add(x,y,$event)">测试按钮</button>
</div>
<script>
    Vue.createApp({                                  //创建 Vue.js 应用
        data(){                                      //定义应用的数据选项
            return{x: 1, y: 2}                        //传递的实参值
        },
```

```
    methods: {                                  //实例对象的方法集
          add(x, y){console.log(x + y)}         //求和函数
      }
  })).mount('#demo')                            //绑定应用到 HTML 标签上
</script>
```

5.1.2 事件修饰符

扫一扫，看视频

v-on 指令提供了多个修饰符，具体说明如下。

（1）.stop：调用事件对象的 stopPropagation()方法，阻止事件流传播。

（2）.prevent：调用事件对象的 preventDefault()方法，阻止默认的事件响应行为。

（3）.capture：在捕获阶段触发事件处理函数，可以比包含的元素优先响应。

（4）.self：仅当事件对象的 target 属性指向元素自身时才会触发事件处理函数。

（5）.once：最多触发一次事件处理函数。

（6）.left：只在单击时触发事件处理函数。

（7）.right：只在右击时触发事件处理函数。

（8）.middle：只在单击鼠标中键时触发事件处理函数。

（9）.passive：一般用于触摸事件，改善移动设备的滚屏性能。添加该修饰符后，滚动事件的默认行为（scrolling）将立即发生，而不是等待 scroll 完成，注意防止其中包含 event.preventDefault()方法而影响滚动响应。

（10）.{键别名}：只在某些按键下触发事件处理函数。常用按键别名包括.enter、.tab、.delete、.esc、.space、.up、.down、.left、.right、.ctrl、.alt、.shift、.meta。

【示例 1】下面的示例分别演示.stop、.prevent、.once 修饰符的应用。

```
<button v-on:click.stop="fn">禁止事件流向上传播</button><br>
<a href="https://www.baidu.com/" v-on:click.prevent="fn">阻止超链接的默认跳转
行为</a><br>
<a href="https://www.baidu.com/" @click.stop.prevent>禁止超链接默认的跳转行为，
并阻止事件流向上传播</a><br>
<button v-on:click.once="fn">只能够被单击一次</button><br>
```

【示例 2】下面的示例演示.capture 修饰符的应用。在默认状态下，响应顺序应该是从内层元素到外层元素。现在为<div @click.capture="fn('捕获爷爷')">添加.capture 修饰符，在控制台可以看到最外层元素先响应，然后再从内层逐次向外层响应。

```
<div id="demo">
    <div @click.capture ="fn('捕获爷爷')">
        <div @click ="fn('捕获父亲')">
            <div @click="fn('捕获儿子')">单击文字测试</div>
        </div>
    </div>
</div>
<script>
    Vue.createApp({                             //创建 Vue.js 应用
        methods: {
            fn(msg){console.log(msg)}
        }
    }).mount('#demo')                           //绑定应用到 HTML 标签上
</script>
```

【示例3】设计在文本框中输入信息之后，按 Enter 键将弹出提示框，提示输入的信息。

```
<div id="demo">
    <input @keyup.enter="onEnter" class="form-control"/>
</div>
<script>
    Vue.createApp({                                //创建 Vue.js 应用
        methods: {
            onEnter(e){alert(e.target.value)}       //提示当前文本框中的输入信息
        }
    }).mount('#demo')                              //绑定应用到 HTML 标签上
</script>
```

【示例4】配合使用系统按键修饰符.ctrl、.alt、.shift、.meta 可以设计复杂的鼠标或键盘交互响应。下面的示例设计当按下 Ctrl 键时，单击文本框，可以清除文本框中输入的信息。

```
<div id="demo">
    <input @click.ctrl="clear" class="form-control"/>
</div>
<script>
    Vue.createApp({                                //创建 Vue.js 应用
        methods: {
            clear(e){e.target.value=""}             //清除文本框信息的函数
        }
    }).mount('#demo')                              //绑定应用到 HTML 标签上
</script>
```

提示

在 Mac 键盘上，meta 是 Command 键；在 Windows 键盘上，meta 是 Win 键。

5.2 键 盘 操 作

扫一扫，看视频

5.2.1 键盘事件

当用户操作键盘时会触发键盘事件，键盘事件主要包括以下 3 种类型。

（1）keydown：在键盘上按下某个键时触发。如果按住某个键，会不断触发该事件。该事件处理函数返回 false 时，会取消默认的动作（如输入的键盘字符，在 IE 和 Safari 浏览器中还会禁止 keypress 事件响应）。

（2）keypress：在键盘上按下某个键并释放时触发。如果按住某个键，会不断触发该事件。该事件处理函数返回 false 时，会取消默认的动作（如输入的键盘字符）。

（3）keyup：释放某个键时触发。该事件仅在松开键时触发一次，不是持续的响应状态。

如果想了解用户正按下的键，可以使用 keydown、keypress 和 keyup 事件获取这些信息。其中，keydown 和 keypress 事件基本上是同义事件，它们的表现也完全一致，不过一些浏览器不允许使用 keypress 事件获取按键信息。

在页面交互中经常会遇到这种需求。例如，用户输入账号密码后按 Enter 键，以及一个多选筛选条件，通过单击多选框后自动加载符合选中条件的数据。在传统的前端开发中，碰到这种类似的需求时，往往需要知道 JavaScript 中需要监听的按键所对应的 keyCode，然后通过判断 keyCode 得知用户按下了哪个按键，继而执行后续的操作。

【示例 1】下面的示例为两个 input 输入框绑定 keyup 事件，当使用键盘输入内容时将被触发，并调用 name 或 password 方法。在浏览器中运行，按 F12 键打开控制台，然后在输入框中输入姓名和密码。可以发现，每次输入时，都会调用对应的方法输出内容，演示效果如图 5.1 所示。

```
<div id="app">
    <label for="name">姓名: </label>
    <input v-on:keyup="name" type="text" id="name" class="form-control">
    <label for="pass">密码: </label>
    <input v-on:keyup="password" type="password" id="pass" class="form-control">
</div>
<script>
    Vue.createApp({                                    //创建一个应用程序实例
        methods: {
            name: function(){console.log("正在输入姓名...")},
            password: function(){console.log("正在输入密码...")}
        }
    }).mount('#app')                                   //在 DOM 上装载实例的根组件
</script>
```

图 5.1　每次输入内容都会触发 keyup 事件

Vue.js 提供了一种便利的方式来实现监听键盘事件。在监听键盘事件时，经常需要查找按键所对应的 keyCode，而 Vue.js 为常用的按键提供了别名：.enter、.tab、.delete（可以捕获删除键和退格键）、.esc、.space、.up、.down、.left、.right、.ctrl、.alt、.shift、.meta。

【示例 2】示例 1 每次输入都会触发 keyup 事件，有时不需要每次输入都触发，如果希望所有的内容都输入完成后再响应。这时可以为 keyup 事件添加.enter 修饰符，这样只有当 Enter 键抬起时，才会触发 keyup 事件，如图 5.2 所示。

```
<div id="app">
    <label for="name">姓名: </label>
    <input v-on:keyup.enter="name" type="text" id="name" class="form-control">
    <label for="pass">密码: </label>
    <input v-on:keyup.enter="password" type="password" id="pass" class="form-control">
</div>
```

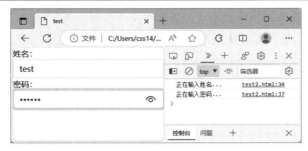

图 5.2　输入内容完毕并按 Enter 键后才会触发 keyup 事件

【示例 3】下面的示例演示了如何使用方向键控制小方块在页面内自由移动。

```
<div id="app">
    <div id="box"></div>
</div>
<script>
    Vue.createApp({                              //创建一个应用程序实例
        mounted(){                               //当 Vue.js 实例挂载到 DOM 上执行
            var box = document.getElementById("box");//获取小方块
            //在 document 对象中注册 keyDown 事件处理函数
            document.onkeydown = function (event){
                var event = event || window.event;   //标准化事件对象
                switch(event.keyCode){          //获取当前按下按键的编码
                    case 37:                    //按下左箭头键，向左移动 5px
                        box.style.left = box.offsetLeft - 5 + "px";
                        break;
                    case 39:                    //按下右箭头键，向右移动 5px
                        box.style.left = box.offsetLeft + 5 + "px";
                        break;
                    case 38:                    //按下上箭头键，向上移动 5px
                        box.style.top = box.offsetTop - 5 + "px";
                        break;
                    case 40:                    //按下下箭头键，向下移动 5px
                        box.style.top = box.offsetTop + 5 + "px";
                        break;
                }
                return false
            }
        }
    }).mount('#app')                             //在 DOM 上装载实例的根组件
</script>
```

扫一扫，看视频

5.2.2　系统修饰符

使用系统修饰符可以实现仅在按下相应按键时才触发鼠标或键盘事件监听器。

（1）.ctrl：只有按住 Ctrl 键的同时，才能够响应绑定的鼠标或键盘事件。

（2）.alt：只有按住 Alt 键的同时，才能够响应绑定的鼠标或键盘事件。

（3）.shift：只有按住 Shift 键的同时，才能够响应绑定的鼠标或键盘事件。

（4）.meta：只有按住 Win 键（Windows 键盘）或 Command 键（Mac 键盘）的同时，才能够响应绑定的鼠标或键盘事件。

系统修饰键与常规按键不同，在和 keyup 事件一起使用时，事件触发时修饰键必须处于按下状态。例如，只有在按住 Ctrl 键的情况下释放其他按键，才能触发 keyup.ctrl。而单独释放 Ctrl 键并不会触发事件。

【示例 1】下面的示例能够监测 Ctrl 键和 Alt 键是否被同时按下。如果同时按下且单击 <h1> 元素，则会把该元素从页面中删除。

```
<div id="app">
    <h1 @click.ctrl.alt="del">按住 Ctrl 键和 Alt 键，单击可以删除我</h1>
</div>
<script>
    Vue.createApp({                              //创建一个应用程序实例
        methods: {
            del: function(e){
                var e = e || window.event;    //标准化事件对象
                var t = e.target || e.srcElement;
                                              //获取发生事件的元素，兼容 IE 和 DOM
                t.parentNode.removeChild(t);  //移出当前元素
            }
        }
    }).mount('#app')                             //在 DOM 上装载实例的根组件
</script>
```

📢 **注意**

Vue.js 还定义了一个特殊的修饰符，即 .exact，该修饰符允许控制触发一个事件所需的确定组合的系统按键修饰符。

【示例 2】当按下 Ctrl 键时，即使同时按下 Alt 键或 Shift 键也会触发。

```
<button @click.ctrl="f">A</button>
```

【示例 3】仅当按下 Ctrl 键且未按任何其他键时才会触发。

```
<button @click.ctrl.exact="f">A</button>
```

【示例 4】仅当没有按下任何按键时触发。

```
<button @click.exact="f">A</button>
```

5.2.3 键盘响应顺序

扫一扫，看视频

当按下按键时，会连续触发多个事件，它们将按顺序发生。

（1）对于字符键来说，键盘事件的响应顺序为 keydown→keypress→keyup。

（2）对于非字符键（如功能键或特殊键）来说，键盘事件的响应顺序为 keydown→keyup。

如果按下字符键不放，则 keydown 和 keypress 事件将逐个持续发生，直至松开按键。

如果按下非字符键不放，则只有 keydown 事件持续发生，直至松开按键。

【示例】下面设计一个简单示例，以获取键盘事件响应顺序，演示效果如图 5.3 所示。

```
<div id="app">
    <textarea @keydown="f" @keypress="f" @keyup="f" id="text" rows="4"
    class="form-control"></textarea>
</div>
<script>
```

```
Vue.createApp({                                    //创建一个应用程序实例
    data(){
        return{n: 1}                               //排序变量
    },
    methods: {
        f: function(e){e.target.value += (this.n++) + "=" + e.type +
        "(keyCode=" + e.keyCode + ")\n";           //捕获事件响应信息
        }
    }
})).mount('#app')                                  //在 DOM 上装载实例的根组件
</script>
```

（a）按下数字 1

（b）按下字母 a

（c）按下 Ctrl 键

图 5.3　键盘响应顺序演示效果

5.3　鼠标操作

扫一扫，看视频

5.3.1　鼠标事件

鼠标事件是 Web 开发中最常用的事件类型，鼠标事件类型见表 5.1。

表 5.1　鼠标事件类型

事 件 类 型	说　　明
click	单击鼠标左键时发生，如果右键也按下，则不会发生。当用户的焦点在按钮上，并按了 Enter 键时，同样会触发这个事件
dblclick	双击鼠标左键时发生，如果右键也按下，则不会发生
mousedown	按下任意一个鼠标按键时发生
mouseout	鼠标指针移出某个元素时发生
mouseover	鼠标指针移到某个元素上时发生
mouseup	松开任意一个鼠标按键时发生
mousemove	鼠标在某个元素上移动时持续发生

【示例 1】在下面的示例中，定义在段落文本范围内侦测鼠标的各种动作，并在文本区域内实时显示各种事件的类型，以提示当前的用户行为。当鼠标移进 p 元素时，开始单击、双击，然后移出，整个过程演示效果如图 5.4 所示。

```
<div id="app">
    <textarea id="text" rows="5"></textarea>
    <p @click="f" @dblclick="f" @mouseover="f" @mouseout="f" @mousemove=
    "f" @mousedown="f" @mouseup="f">试一试：移进、移动、单击、双击、移出</p>
</div>
```

```
<script>
    Vue.createApp({                              //创建一个应用程序实例
        methods: {
            f: function(e){
                var e = e || window.event;       //标准化事件对象
                var t = document.getElementById("text"); //获取文本框
                t.value += (e.type) + " ";       //获取当前事件类型
            }
        }
    }).mount('#app')                             //在 DOM 上装载实例的根组件
</script>
```

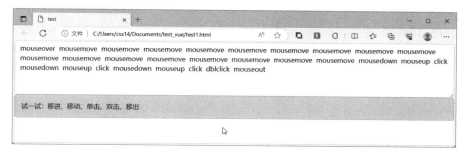

图 5.4　鼠标事件的响应过程

鼠标事件类型包括 4 个：click（单击）、dblclick（双击）、mousedown（按下）和 mouseup（松开）。其中，click 事件类型比较常用，而 mousedown 和 mouseup 事件类型多用在鼠标拖放、拉伸操作中。当这些事件处理函数的返回值为 false 时，则会禁止绑定对象的默认行为。

【示例 2】在下面的示例中，当定义超链接指向自身时（在设计过程中，href 属性值暂时使用"#"或"?"表示），可以取消超链接被单击时的默认行为，即刷新页面行为。

```
<div id="app">
    <a name="tag" id="tag" href="#">单击我试一试，看页面刷新没有？</a>
</div>
<script>
    Vue.createApp({                              //创建一个应用程序实例
        mounted(){
            var a = document.getElementsByTagName("a");//获取页面中所有超链接元素
            for(vari = 0; i < a.length; i++){    //遍历所有 a 元素
                if ((new RegExp(window.location.href)).test(a[i].href)) {
                    //如果当前超链接 href 属性中包含本页面的 URL 信息
                    a[i].onclick = function(){   //则为超链接注册单击事件
                        return false;            //禁止超链接的默认行为
                    }
                }
            }
        }
    }).mount('#app')                             //在 DOM 上装载实例的根组件
</script>
```

当单击本示例中的超链接时，页面不会发生跳转变化，即禁止页面发生刷新效果。

mousemove 是一个实时响应的事件，当鼠标指针的位置发生变化时（至少移动 1px），就会触发 mousemove 事件。该事件响应的灵敏度主要参考鼠标指针移动速度的快慢，以及浏览器跟踪更新的速度。演示示例可以参考 5.4.3 小节。

鼠标动作包括移入和移出两种事件类型。当移动鼠标指针到某个元素上时，将触发 mouseover 事件；而当把鼠标指针移出某个元素时，将触发 mouseout 事件。如果从父元素中移到子元素中，也会触发父元素的 mouseover 事件类型。

【**示例 3**】在下面的示例中分别为 3 个嵌套的 div 元素定义 mouseover 和 mouseout 事件处理函数，这样当把鼠标指针从外层的父元素中移动到内部的子元素中时，将会触发父元素的 mouseover 事件，但是不会触发 mouseout 事件。

```
<div id="app">
    <div>第 1 层 div
        <div>第 2 层 div
            <div>第 3 层 div</div>
        </div>
    </div>
</div>
<script>
    Vue.createApp({                                     //创建一个应用程序实例
        mounted(){
            var app = document.getElementById("app");
            var div = app.getElementsByTagName("div");//获取 3 个嵌套的 div 元素
            for(var i = 0; i < div.length; i++){         //遍历嵌套的 div 元素
                div[i].onmouseover = function(e){       //当移入时，把边框加粗
                    this.style.borderWidth = "6px";
                }
                div[i].onmouseout = function (){        //当移出时，把边框变细
                    this.style.borderWidth = "1px";
                }
            }
        }
    }).mount('#app')                                    //在 DOM 上装载实例的根组件
</script>
```

5.3.2 鼠标按键修饰符

通过事件对象的 button 属性可以获取当前鼠标按下的键，左键 button 属性等于 0，中键 button 属性等于 1，右键 button 属性等于 2。该属性可用于 click、mousedown、mouseup 事件类型。

Vue.js 提供 3 个鼠标按键修饰符，简单说明如下。

（1）.left：按下鼠标左键。

（2）.right：按下鼠标右键。

（3）.middle：按下鼠标中键。

需要注意的是，这些修饰符将处理程序限定为由特定鼠标按键触发的事件。

【**示例**】下面的示例能够监测右击操作，并阻止发生默认行为。

```
<div id="app">
    <a href="#" @click.right.prevent="f">禁止显示右键菜单</a>
</div>
<script>
    Vue.createApp({                                     //创建一个应用程序实例
        methods: {
            f: function(e){
```

```
            return false;                    //返回 false，禁止默认的弹出菜单行为
        }
    }
}).mount('#app')                            //在 DOM 上装载实例的根组件
</script>
```

提示

当鼠标点击事件发生时，会触发很多事件：mousedown、mouseup、click、dblclick。这些事件响应的顺序如下：mousedown→mouseup→click→mousedown→mouseup→click→dblclick。

当鼠标指针在对象间移动时，首先触发的事件是 mouseout，即在鼠标指针移出某个对象时发生；接着，在这两个对象上都会触发 mousemove 事件；最后，在鼠标指针移入的对象上触发 mouseover 事件。

5.4　案例实战

5.4.1　鼠标跟随

扫一扫，看视频

【案例】本案例将在页面上绘制一块区域，并在该区域内绘制一个小球，设计当鼠标指针在区域内移动时，小球自动随鼠标指针移动。要实现元素随鼠标指针移动，只需监听鼠标移动事件，实时更新元素坐标即可，演示效果如图 5.5 所示。

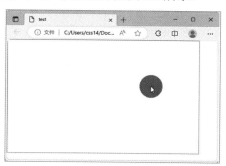

图 5.5　小球自动随鼠标指针移动

（1）新建 HTML 文档，构建基本结构。

```
<div id="app">
    <div class="container" @mousemove.stop="move">
        <div class="ball" :style="{left: offsetX+'px', top:offsetY+'px'}">
        </div>
    </div>
</div>
```

<div class="container">标签定义限制区域，使用@mousemove.stop="move"指令为该区域绑定鼠标移动事件，实时触发 move()方法，同时使用.stop 修饰符禁止事件传播。

（2）编写 move()方法的代码。

```
methods: {
    move(event){                            //监听鼠标移动行为
        //监听鼠标指针 x 轴坐标偏移值，限制小球在指定区域的 x 轴活动范围
```

```
            if(event.clientX + 30 > 500){this.offsetX = 500 - 60}
                                                              //监测右侧边界
            else if(event.clientX - 30 < 0){this.offsetX = 0}      //监测左侧边界
            else{this.offsetX = event.clientX - 30}          //设置小球 x 轴坐标实时值
            //监听鼠标指针 y 轴坐标偏移值，限制小球在指定区域的 y 轴活动范围
            if(event.clientY + 30 > 300){this.offsetY = 300 - 60}    //监测下边边界
            else if(event.clientY - 30 < 0){this.offsetY = 0}      //监测上边边界
            else{this.offsetY = event.clientY - 30}          //设置小球 y 轴坐标实时值
        }
    }
```

（3）要控制小球的移动，需要实时地修改小球的布局位置，因此需要在 data 选项中定义两个实例变量：offsetX 和 offsetY，分别用于控制小球的 x 轴坐标和 y 轴坐标，之后根据鼠标指针所在位置的坐标来不断地更新坐标属性即可，设置小球的坐标初始值为 0。

```
data(){
    return{offsetX: 0, offsetY: 0}
},
```

（4）在小球的<div class="ball">标签上使用:style="{left: offsetX+'px', top:offsetY+'px'}"指令设置小球的实时绝对定位坐标值。

5.4.2　操作数组

【案例】本案例练习使用数组的 push()、pop()、shift()、unshift()和 splice()方法对数组执行操作。在文本框中输入要添加新元素的值，然后单击 push 按钮，可以把该元素添加到数组的尾部，单击 pop 按钮可以把数组尾部的元素删除，单击 shift 按钮可以把数组首部的元素删除，单击 unshift 按钮可以把新元素添加到数组的首部。如果设置了 splice()方法的位置和长度，可以把新元素添加到指定的位置，同时删除该位置后指定长度的元素，演示效果如图 5.6 所示。

图 5.6　操作数组

（1）新建 HTML 文档，设计基本结构：页面包含 3 个文本框，分别用于接收新元素的值、插入的下标位置以及使用 splice()方法删除的元素个数。

```
<div id="app">
    <h1>操作数组</h1><hr>
    <p>新添加的元素：<input type="text" v-model="msg"/></p>
    <p>
        <button @click="push">push</button>
        <button @click="pop">pop</button>
        <button @click="shift">shift</button>
```

```
        <button @click="unshift">unshift</button>
        <button @click="splice">splice</button>
    </p>
    <p>splice 的位置：<input type="number" v-model="index"/><br>
        splice 的长度：<input type="number" v-model="length"/></p>
    <p>原数组：{{copy}}，操作后数组：{{array}}</p>
</div>
```

（2）同时插入 5 个按钮，使用@click 指令绑定 5 个方法，分别执行 push()、pop()、shift()、unshift()和 splice()方法对数组执行操作。

```
Vue.createApp({                                  //创建一个应用程序实例
    methods: {
        push(){this.array.push(this.msg)},
        pop(){this.array.pop()},
        shift(){this.array.shift()},
        unshift(){this.array.unshift(this.msg)},
        splice(){this.array.splice(this.index, this.length, this.msg)}
    },
}).mount('#app')                                 //在 DOM 上装载实例的根组件
```

（3）考虑到数组操作会影响原数组，因此在组件挂载之后，需要立即对原数组进行备份。

```
mounted: function(){                             //在组件挂载后，备份原数组
    this.copy = [...this.array]
}
```

扫一扫，看视频

5.4.3 拖动方块

【案例】本案例演示如何综合应用各种鼠标事件实现页面元素的拖动操作。进行拖动操作的设计，需要理清和解决以下几个问题。

（1）定义拖动元素为绝对定位，并设计事件的响应过程。

（2）清楚几个坐标概念：按下鼠标时的指针坐标、移动中当前鼠标的指针坐标、松开鼠标时的指针坐标、拖动元素的原始坐标、拖动中的元素坐标。

（3）算法设计：按下鼠标时，获取被拖动元素和鼠标指针的位置，在移动中实时计算鼠标指针偏移的距离，并利用该偏移距离加上被拖动元素的原坐标位置，获得拖动元素的实时坐标。

如图 5.7 所示，其中变量 ox 和 oy 分别记录按下鼠标时被拖动元素的横纵坐标值，它们可以通过事件对象的 offsetLeft 和 offsetTop 属性获取；变量 mx 和 my 分别表示按下鼠标时，鼠标指针的坐标位置；而 event.mx 和 event.my 是事件对象的自定义属性，用它们来存储当鼠标移动时鼠标指针的实时位置。

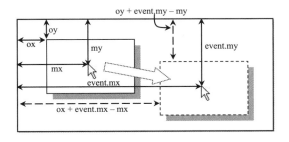

图 5.7　拖动操作设计示意图

当获取了上面 3 对坐标值之后，就可以动态计算拖动中元素的实时坐标位置，即 x 轴值为 ox + event.mx − mx，y 轴值为 oy + event.my − my。当释放鼠标时，则可以释放事件类型，并记下松开鼠标指针时拖动元素的坐标值，以及鼠标指针的位置，留待下一次拖动操作时调用。

（1）新建 HTML 文档，设计基本结构：拖动区间，使用 v-for="index in 5" 指令生成 5 个绝对定位的小方块。

```
<div id="app">
    <div>
        <div id="dragBox">
            <div v-for="index in 5" :key="index" class="box1" :style=
            "{left:(index*60 +40)+'px'}" :id="'a'+index" @mousedown=
            "mousedownFunc($event, index)">方块{{index}}</div>
        </div>
    </div>
</div>
```

（2）使用 @mousedown="mousedownFunc($event, index)" 指令为每个小方块绑定鼠标被按下时的事件处理函数，并把当前小方块的编号传给 mousedownFunc() 方法。

```
mousedownFunc(e, index){                                    //鼠标按下事件
    document.oncontextmenu = function(e){                   //去除鼠标默认事件
        e.preventDefault()
    }
    e.stopPropagation()                                     //阻止冒泡
    let oEvent = e || event
    this.box = document.getElementById("a" + index)         //获取当前小方块对象
    this.disX = oEvent.clientX - this.box.offsetLeft        //拖放元素的 x 轴偏移值
    this.disY = oEvent.clientY - this.box.offsetTop         //拖放元素的 y 轴偏移值
    this.isDrag = true                                      //拖动标志变量
    this.boxObj.onmousemove = this.eleMousemove             //注册鼠标移动事件处理函数
    this.boxObj.onmouseup = this.eleMoveUp                  //注册松开鼠标事件处理函数
},
```

（3）定义鼠标移动事件处理函数和鼠标松开事件处理函数。

```
eleMousemove(e){                                            //鼠标抬起
    if(this.isDrag){                                        //加入该判断拖动更流畅
        var oEvent = e || event
        //计算单击元素到父级元素的定位 top、left 距离
        var l = oEvent.clientX - this.disX
        var t = oEvent.clientY - this.disY
        //限定拖动元素在指定的范围内
        //限定左边界和上边界
        if(l < 0){l = 0}
        if(t < 0){t = 0}
        //限定右边界的距离（当 l=父元素宽-子元素宽时，刚好子元素放在父元素最右边）
        if(l > this.boxObj.clientWidth - this.box.clientWidth){
            l = this.boxObj.clientWidth - this.box.clientWidth
        }
        //限定下边界的距离（当 t=父元素高-子元素高时，刚好子元素放在父元素最下边）
        if (t > this.boxObj.clientHeight - this.box.clientHeight){
            t = this.boxObj.clientHeight - this.box.clientHeight
        }
```

```
            this.box.style.left = l + 'px'
            this.box.style.top = t + 'px'
        }
    },
    eleMoveUp(e){                              //鼠标抬起事件处理函数
        var oEvent = e || event
        this.isDrag = false                    //拖动标志变量为 false，不允许拖动
        this.boxObj.onmousemove = null         //注销鼠标移动事件
        this.boxObj.onmouseup = null           //注销鼠标松开事件
    },
```

本案例完整代码请参考本小节示例源代码，演示效果如图 5.8 所示。

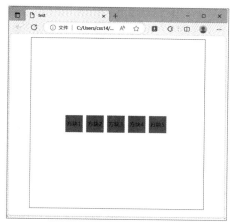 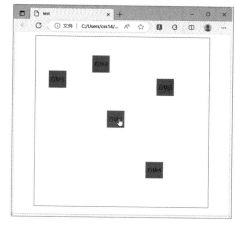

（a）默认位置　　　　　　　　　　　　　　（b）拖动位置

图 5.8　拖动操作演示效果

5.4.4　设计工具提示

扫一扫，看视频

工具提示（Tooltip）是一种比较实用的 Web 应用。当为一个元素（一般为超链接 a 元素）定义 title 属性时，会在鼠标指针经过时显示提示信息，这些提示能够详细描述经过对象的包含信息，这对于超链接（特别是图像式超链接）非常有用。同时，搜索引擎也喜欢检索这些信息。

【案例】设计思路：使用 DOM 技术获取 title（或其他属性）中的提示信息，然后把这些属性删除，再利用 JavaScript 动态生成一个浮动的层并在层中显示这些提示信息，最后利用事件对象的鼠标指针坐标属性进行定位。如果结合 CSS 技术，还可以把浮动的层设计成不同样式，以达到个性化设计的要求。演示效果如图 5.9 所示。

图 5.9　设计工具提示演示效果

（1）新建 HTML 文档，使用 v-for="item in a" 指令动态生成多个超链接对象。

```
<div id="app">
    <a v-for="item in a" :href="item.href" :title="item.title">{{item.text}}
    </a>
</div>
```

（2）超链接信息可以在 data 选项中进行初始化。

```
Vue.createApp({                                    //创建一个应用程序实例
    data(){
        return{
            a:[
                {href:"https://www.baidu.com/",title:"百度首页",text:"百度"},
                {href:"https://www.sina.com.cn/",title:"新浪首页",text:"新浪"},
                {href:"https://weibo.com/",title:"微博首页",text:"微博"},
                {href:"https://www.taobao.com/",title:"淘宝首页",text:"淘宝"},
                {href:"https://www.jd.com/",title:"京东首页",text:"京东"},
                {href:"https://www.xiaohongshu.com/",title:"小红书首页",
                text:"小红书"},
            ]
        }
    },
})).mount('#app')                                  //在 DOM 上装载实例的根组件
```

（3）在 Vue.js 实例挂载完成后，即可在 mounted()生命周期函数中编写剩下的 JavaScript 脚本。

```
mounted(){
    //JavaScript 脚本将在此处编写
}
```

（4）获取页面内所有 a 元素。

```
var a = document.getElementsByTagName("a");
```

（5）遍历页面内所有 a 元素，获取所有 title 信息，并把它传递给新创建的 div 元素。

```
for(var i = 0; i < a.length; i ++ ){               //遍历页面内所有 a 元素
    tit = a[i].getAttribute("title");              //获取 a 元素的 title 属性值
    if(tit) a[i].removeAttribute("title");         //如果属性值存在，则删除该属性
    var div = document.createElement("div");        //创建 div 元素节点
    var txt = document.createTextNode(tit);        //创建并把提示信息赋予文本节点
    div.setAttribute("class", "title");            //为 div 元素增加类属性，兼容 FF
    div.setAttribute("className", "title");        //为 div 元素增加类属性，兼容 IE
    div.style.position = "absolute";               //绝对定位 div 元素
    div.appendChild(txt);                          //把文本节点增加到 div 元素
}
```

（6）设计鼠标指针经过和移出事件处理函数，以实现增加和删除 div 到 a 元素。考虑到在函数体内定义闭包无法与外界进行数据交流，因此在这里主动为闭包函数传递外部动态参数。

```
a[i].onmouseover = (function(i,div){              //鼠标指针经过时的事件处理函数
    return function(){                             //返回处理函数
        a[i].appendChild(div);                    //为 a 元素增加 div 元素
    }
})(i,div);                                        //为闭包函数传递参数，i 表示循环变量，div
                                                  //表示引用
a[i].onmouseout = (function(i,div){               //鼠标指针移出时的事件处理函数
    return function(){                             //返回处理函数
        a[i].removeChild(div);                    //为 a 元素移出 div 元素
    }
})(i,div);
```

（7）设计鼠标指针移动的事件处理函数。考虑浏览器窗口可能会出现滚动条，所以这里使用多个条件结构进行判断来设置指针的坐标值。

```javascript
a[i].onmousemove = (function(div,e){//第1个参数表示定位元素，第2个参数表示事件参数
    return function(e){                    //闭包内返回函数体
        var posx = 0, posy = 0;    //定义两个局部变量，用于存储鼠标指针的坐标
        //判断当前浏览器，如果为IE，则使用window.event获取鼠标指针
        if(e == null) e = window.event;
        //判断是否支持pageX或pageY事件属性，如果支持表示浏览器支持DOM 2.0
        （如FF等），此时可以使用这两个属性获取鼠标指针在窗口中的坐标
        if(e.pageX || e.pageY){
            posx = e.pageX;
            posy = e.pageY;
        }
        else if(e.clientX || e.clientY){        //如果不支持pageX或pageY，则
                                                //使用clientX或clientY
            //如果支持document.documentElement.scrollTop，则计算指针的坐标位置
            if(document.documentElement.scrollTop){
                posx = e.clientX + document.documentElement.scrollLeft;
                posy = e.clientY + document.documentElement.scrollTop;
            }else{//否则使用传统的方法来计算指针的坐标位置
                posx = e.clientX + document.body.scrollLeft;
                posy = e.clientY + document.body.scrollTop;
            }
        }
        div.style.top = (posy + 20) + "px";//把鼠标指针的y坐标作为定位值赋予div
        div.style.left = (posx + 10) + "px";//把鼠标指针的x坐标作为定位值赋予div
    }
})(div);
```

5.4.5 弹球游戏

【案例】本案例设计一个弹球小游戏。游戏规则比较简单：在页面中定义一个包含框，弹球以随机速度和方向运行，当弹球遇到包含框的边框时会回弹，在下边框定义一块挡板，允许通过键盘上的左右按键来左右移动，当弹球遇到底边框时，如果玩家使用挡板接住，则弹球会继续反弹，如果没有接住，则游戏失败，演示效果如图 5.10 所示。若想实现该游戏，需要熟练掌握键盘事件的处理方法。该游戏的核心就在于弹球的移动以及回弹算法。

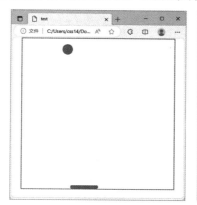

图 5.10 弹球游戏演示效果

（1）新建 HTML 文档，设计基本结构。

```html
<div id="app">
    <div class="container">                          <!--游戏区域-->
        <div class="board" :style="{left: boardX + 'px'}"></div>
                                                     <!--底部挡板-->
        <div class="ball" :style="{left: ballX+'px', top: ballY+'px'}">
        </div>                                       <!--弹球-->
        <h1 v-if="fail" style="text-align: center;">游戏失败</h1>
                                                     <!--游戏结束提示-->
    </div>
</div>
```

在控制页面布局时，当父容器的 position 属性设置为 relative 时，子组件的 position 属性设置为 absolute，可以将子组件相对父组件进行绝对布局。

（2）底部挡板元素可以通过键盘来控制移动，游戏失败的提示默认是隐藏的，当游戏失败后再展示。游戏实现的完整代码如下：

```javascript
Vue.createApp({                                     //创建 Vue.js 应用
    data(){
        return{
            boardX: 0,                               //控制挡板位置
            ballX: 0,                                //控制弹球 x 轴位置
            ballY: 0,                                //控制弹球 y 轴位置
            rateX: 0.1,                              //控制弹球 x 轴移动速度
            rateY: 0.1,                              //控制弹球 y 轴移动速度
            fail: false                              //控制结束游戏提示的展示
        }
    },
    mounted(){                                       //组件生命周期函数，组件加载时会调用
        this.enterKeyup();                           //添加键盘事件
        this.rateX = (Math.random() + 0.1)          //随机弹球的运动速度和 x 轴方向
        this.rateY = (Math.random() + 0.1)          //随机弹球的运动速度和 y 轴方向
        this.timer = setInterval(() => {            //开启定时器，控制弹球移动
            if(this.ballX + this.rateX >= 440 - 30) {//到达右侧边缘进行反弹
                this.rateX *= -1
            }
            if(this.ballX + this.rateX <= 0) {       //到达左侧边缘进行反弹
                this.rateX *= -1
            }
            if(this.ballY + this.rateY <= 0) {       //到达上侧边缘进行反弹
                this.rateY *= -1
            }
            this.ballX += this.rateX
            this.ballY += this.rateY
            if(this.ballY >= 440 - 30 - 10) {        //失败判定
                //挡板接住了弹球，进行反弹
                if(this.boardX <= this.ballX + 30 && this.boardX + 80 >=
                this.ballX) {
                    this.rateY *= -1
                } else {                             //没有接住弹球，游戏结束
                    clearInterval(this.timer)
                    this.fail = true
```

```
                }
            }
        }, 2)
    },
    methods: {
        keydown(event){                                    //控制挡板移动
            if(event.key == "ArrowLeft"){
                if(this.boardX > 10){this.boardX -= 20}
            } else if (event.key == "ArrowRight") {
                if(this.boardX < 440 - 80){this.boardX += 20}
            }
        },
        enterKeyup(){document.addEventListener("keydown", this.keydown);}
    }
}).mount('#app')                                           //绑定应用到 HTML 标签上
```

在 Vue 组件中，mounted()方法会在组件被挂载时调用，可以将组件的初始化工作放到该方法中执行。

5.5 本章小结

本章主要讲解了 Vue.js 的事件处理指令，包含参数和修饰符，其中参数用于定义事件类型，修饰符用于控制事件响应的行为。v-on 修饰符是本章重点，主要包括.stop、.prevent、.capture、.self、.once、.left、.right、.middle、.passive，以及键盘别名，如.enter、.tab、.delete、.esc、.space、.up、.down、.left、.right、.ctrl、.alt、.shift、.meta。最后介绍了键盘事件和鼠标事件的相关知识和应用。

5.6 课后习题

一、填空题

1. 在 Vue.js 模板中可以使用＿＿＿＿＿＿指令监听 DOM 事件，v-on 指令可以简写为＿＿＿＿＿＿。
2. 使用＿＿＿＿＿＿＿＿语法可以设计一个动态监听事件。
3. Vue.js 事件监听器可以为一个＿＿＿＿＿＿＿＿或一个＿＿＿＿＿＿＿＿。
4. 使用＿＿＿＿＿＿＿＿修饰符可以阻止事件流传播。
5. 使用＿＿＿＿＿＿＿＿修饰符可以阻止默认的事件响应行为。

二、判断题

1. 在 v-on 指令中，内联声明就是一个表达式，方法调用不属于内联声明。　　（　　　）
2. 当用于普通元素，v-on 只监听原生 DOM 事件；当用于自定义元素组件，v-on 监听子组件触发的自定义事件。　　（　　　）
3. v-on 支持绑定不带参数的对象，此时不再支持任何修饰符。　　（　　　）
4. 在内联声明中可以通过变量 event 来传递原生事件对象。　　（　　　）
5. 在 v-on 指令中，参数为事件类型，如 onselect。　　（　　　）

三、选择题

1. （　　）不属于鼠标事件。
   A．mousedown　　　B．mousemove　　　C．mouseout　　　D．keyup
2. （　　）属于表单专用事件。
   A．reset　　　　　　B．resize　　　　　C．error　　　　　D．focus
3. （　　）修饰符可以定义事件只能响应一次。
   A．.capture　　　　B．.self　　　　　C．.once　　　　　D．.left
4. （　　）修饰符可以定义事件优先响应。
   A．.capture　　　　B．.self　　　　　C．.once　　　　　D．.left
5. （　　）不是系统修饰符。
   A．.ctrl　　　　　　B．.left　　　　　C．.shift　　　　　D．.meta

四、简答题

1. v-on 指令提供了多个修饰符，说说具体包括哪些。
2. 简单介绍一下键盘事件和鼠标事件都包含哪些类型。

五、编程题

1. 使用 Vue.js 的 v-on 指令设计一个二级菜单，利用 mouseover 和 mouseout 参数定义下拉菜单的显示与隐藏，类似效果如图 5.11 所示。
2. 设计一个注册表单，并把注册信息以表格形式显示出来，类似效果如图 5.12 所示。

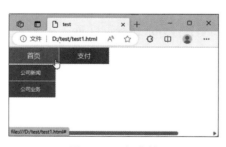

图 5.11　二级菜单　　　　　　　　　　　　图 5.12　注册表单

第6章　绑定表单和样式

- ➥ 了解双向数据绑定，能够正确使用 v-model 指令。
- ➥ 熟悉不同类型表单控件的数据绑定。
- ➥ 灵活使用:class 和:style 指令。

Vue.js 使用 v-model 指令轻松解决了表单输入与 JavaScript 变量双向绑定的难题，v-model 可适用于不同类型的表单控件，如 input、textarea 和 select 等，并能根据不同类型的控件采用相应的 DOM 属性和事件组合。Web 应用中还会大量使用类和内部样式，为此，Vue.js 专门针对 v-bind:class 和 v-bind:style 指令进行了增强，允许使用对象和数组来绑定:class 和:style 的值。

6.1　双向数据绑定

Vue.js 是一个 MVVM 框架，能够实现数据的双向绑定。双向数据绑定就是可以通过表单控件或 Vue.js 实例修改绑定数据的值。

6.1.1　v-model 指令

使用 v-model 指令可以实现数据在表单控件与 Vue.js 实例之间的双向绑定。具体语法格式如下：

扫一扫，看视频

> <表单控件 **v-model.修饰符="JavaScript 变量"**/>

v-model 指令包含 3 个修饰符，简单说明如下。

（1）.lazy：监听 change 事件，而不是 input 事件。

（2）.number：将输入的合法字符串转换为数字。

（3）.trim：移除输入内容两端的空格。

v-model 指令仅用于 input、select、textarea 表单元素及组件上。它会根据表单控件的类型自动选取正确的方法来更新元素。

v-model 负责监听用户的输入以便更新数据，并对一些特殊场景进行处理。v-model 会忽略所有表单元素的 value、checked、selected 的初始值，而是将 Vue.js 实例的变量值作为数据的初始值。

提示

　　不管是使用"{{}}"语法，还是使用 v-text、v-html、v-bind 等指令，从数据交互的角度来看都是单向的，只能将 Vue.js 实例的数据传递给页面，而对页面的任何操作都无法传递给 Vue.js 实例。

【示例】 在下面的示例中，使用 v-model 指令为文本框绑定数据 text，同时设计一个按钮，单击按钮可以修改实例变量 text。这样不管是在文本框中输入值，还是通过按钮修改值，双向操作都能够实现数据的实时更新，演示效果如图 6.1 所示。

```
<div id="demo">
    <input v-model="text">
    <p id="info">数据内容：{{text}}</p>
    <button @click="modify">修改实例变量</button>
</div>
<script>
    Vue.createApp({                                      //创建 Vue.js 应用
        data(){                                          //定义应用的数据选项
            return{text: ''}                             //实例变量的初始值
        },
        methods:{                                        //定义实例方法
            modify(){this.text = Math.random()}          //随机修改实例变量的值
        }
    }).mount('#demo')                                    //绑定应用到 HTML 标签上
</script>
```

（a）

（b）

图 6.1　双向数据绑定演示效果

扫一扫，看视频

6.1.2　.lazy 修饰符

在文本框中，v-model 指令默认是同步更新数据，使用.lazy 修饰符会转变为在 change 事件中同步，也就是在失去焦点或者按下 Enter 键时才会更新数据。

【**示例**】下面的示例演示当为 v-model 指令添加.lazy 修饰符后，如果在文本框中输入信息，只有按 Enter 键后才能使页面内容更新，演示效果如图 6.2 所示。

```
<div id="demo">
    <input v-model.lazy="text" class="form-control">
    <p id="info">数据内容：{{text}}</p>
<script>
    Vue.createApp({                                      //创建 Vue.js 应用
        data(){                                          //定义应用的数据选项
            return{text: ''}                             //实例变量的初始值
        }
    }).mount('#demo')                                    //绑定应用到 HTML 标签上
</script>
```

（a）按 Enter 键前

（b）按 Enter 键后

图 6.2　使用.lazy 修饰符延迟双向数据同步

扫一扫，看视频

6.1.3　.number 修饰符

在文本框中输入的内容默认都是字符串型数据，使用.number 修饰符可以将输入的字符串型数据转换为 Number 类型。.number 修饰符在数字输入框中比较有用，因为即使在 type="number"时，HTML 输入元素的值也总会返回字符串。

【示例】下面的示例演示如何把两个文本框中输入的数字求和，并在第 3 个文本框中实时显示，演示效果如图 6.3 所示。

```
<div id="demo">
    <p><input v-model.number="a" class="form-control"> + <input v-model
    .number="b" class="form-control"> = <input v-model="sum" class="form-
    control"> </p>
</div>
<script>
    Vue.createApp({                              //创建 Vue.js 应用
        data(){                                  //定义应用的数据选项
            return{a: 0, b: 0}                   //初始化两个本地变量
        },
        computed: {                              //计算属性
            sum(){ return this.a + this.b}       //求和函数
        }
    }).mount('#demo')                            //绑定应用到 HTML 标签上
</script>
```

如果没有.number 修饰符，则执行的不是求和运算，而是字符串连接运算，演示效果如图 6.4 所示。

图 6.3　使用.number 修饰符　　　　　　　　图 6.4　没有使用.number 修饰符

注意

如果输入的字符串无法被 parseFloat()解析，则会返回原始字符串。

6.1.4　.trim 修饰符

扫一扫，看视频

使用.trim 修饰符可以自动过滤表单输入内容的首尾空格。

【示例】下面的示例使用.trim 修饰符实现自动过滤在文本框中输入的首尾空格，演示效果如图 6.5 所示。

```
<div id="demo">
    <input v-model.trim="text" class="form-control">
    <p>输入的字符串长度：{{text.length}} 个字符</p>
</div>
<script>
    Vue.createApp({                              //创建 Vue.js 应用
```

```
        data(){                              //定义应用的数据选项
            return{text:""}                   //初始化实例变量
        }
    }).mount('#demo')                         //绑定应用到 HTML 标签上
</script>
```

如果没有.trim 修饰符，则会把首尾输入的空格都视为有效字符，演示效果如图 6.6 所示。

图 6.5　使用.trim 修饰符

图 6.6　没有使用.trim 修饰符

6.2　绑定输入型控件

扫一扫，看视频

6.2.1　文本框

文本框是输入单行信息的控件，常用于输入姓名、地址等短信息。为 input 元素设置 type="text"属性可以定义文本框，或者省略 type 属性，input 元素默认也显示为文本框。具体语法格式如下：

```
<input type="text" v-model="JavaScript 变量">
```

在没有 v-model 指令的情况下，使用 value 属性可以设置文本框的默认值。在服务器端使用 name 可以获取文本框的输入值。

【示例】下面的示例演示文本框与 JavaScript 变量实现双向绑定。在浏览器中预览时，在文本框中输入信息，可以看到段落文本内容也会随之变化。

```
<div id="demo">
    <p>{{message}}</p>
    <input v-model="message" type="text" class="form-control"/>
</div>
<script>
    Vue.createApp({                          //创建 Vue.js 应用
        data(){                              //定义应用的数据选项
            return{message: "默认值"}          //定义要绑定的实例变量
        }
    }).mount('#demo')                         //绑定应用到 HTML 标签上
</script>
```

扫一扫，看视频

6.2.2　文本区域

如果要求用户输入大量信息，如回答问题、评论反馈等多行文本信息，可以使用文本区域控件。具体语法格式如下：

```
<textarea v-model="JavaScript 变量"></textarea>
```

textarea 没有 value 属性，在没有 v-model 指令的情况下，<textarea>和</textarea>标签之间包含的文本将作为默认值显示在文本区域中。使用 placeholder 属性可以定义占位文本。

【示例】下面的示例演示文本区域与 JavaScript 变量实现双向绑定。在浏览器中预览时，在文本区域中输入信息，可以看到段落文本内容也会随之变化。

```
<div id="demo">
    <p>{{message}}</p>
    <textarea v-model="message" placeholder="占位文本"  class="form-
control"> </textarea>
</div>
<script>
    Vue.createApp({                          //创建 Vue.js 应用
        data(){                              //定义应用的数据选项
            return{message: "默认值"}        //定义要绑定的实例变量
        }
    }).mount('#demo')                        //绑定应用到 HTML 标签上
</script>
```

6.3 绑定选择型控件

6.3.1 单选按钮

扫一扫，看视频

为 input 元素设置 type="radio"属性，可以创建单选按钮。具体语法格式如下：

```
<input type="radio" value="选项值" v-model="JavaScript 变量"/>
```

同一组单选按钮的 name 属性值必须相同，这样可以保证只能有一个被选中。value 属性必须设置，因为对于单选按钮来说，访问者无法输入值。v-model 指令绑定的变量将与 value 属性值保持同步。在没有 v-model 指令的情况下，使用 checked 属性可以设置单选按钮为默认选中状态。

【示例】下面的示例设计一个性别选项组。在浏览器中预览时，可以看到如果变量 message 的值与单选按钮组中某个按钮的 value 值相等，则该按钮处于被选中状态；反之，如果改变选中状态，变量 message 的值也会随之变化，演示效果如图 6.7 所示。

```
<div id="demo">
    <p>选中了{{message}}</p>
    <fieldset>
        <legend>性别</legend>
        <p><input type="radio" v-model="message" name="gender" id="gender-
male" value="男" /> <label for="gender-male">男士</label></p>
        <p><input type="radio" v-model="message" name="gender" id="gender-
female" value="女" /> <label for="gender-female">女士</label></p>
    </fieldset>
</div>
<script>
    Vue.createApp({                          //创建 Vue.js 应用
        data(){                              //定义应用的数据选项
            return{message: "女"}            //定义要绑定的实例变量
```

```
        }
    }).mount('#demo')                    //绑定应用到 HTML 标签上
</script>
```

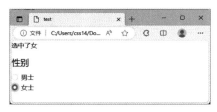

图 6.7　单选按钮组的双向绑定

6.3.2　复选框

在一组单选按钮中，只允许选择一个选项；但在一组复选框中，可以选择任意多个选项。为 input 元素设置 type="checkbox"属性，可以创建复选框。具体语法格式如下：

```
<input type="checkbox" value="选项值" v-model="JavaScript 变量"/>
```

每个复选框对应一个 value 值。在没有 v-model 指令的情况下，使用 checked 属性可以设置复选框为默认勾选状态。

【示例】 下面的示例演示了如何创建一个复选框组，并把它们与一个数组变量 message 绑定在一起。在浏览器中预览时，凡是被勾选的复选框，其 value 值会实时传递给数组变量 message 并显示出来，演示效果如图 6.8 所示。

```
<div id="demo">
    <p>选中了: {{message.length ? message.join("、"): "0 个"}}</p>
    <div class="fields checkboxes">
        <p><input type="checkbox" v-model="message" id="email" name=
        "email" value="电子邮箱"/><label for="email">电子邮件</label></p>
        <p><input type="checkbox" v-model="message" id="phone" name=
        "phone" value="电话"/><label for="phone">电话</label></p>
    </div>
</div>
<script>
    Vue.createApp({                      //创建 Vue.js 应用
        data(){                          //定义应用的数据选项
            return{message: []}          //接收复选框组的值时，应该定义变量为数组类型
        }
    }).mount('#demo')                    //绑定应用到 HTML 标签上
</script>
```

（a）

（b）

（c）

图 6.8　复选框组的双向绑定

扫一扫，看视频

> **📢注意**
>
> 　　如果一个或多个复选框与布尔型变量相互绑定，则变量的值只能为 true 或 false，分别表示勾选或未勾选两种状态；如果一个或多个复选框与数组型变量相互绑定，数组元素分别为每个被勾选复选框的 value 值。

6.3.3　选择框

　　选择框为访问者提供一组选项，允许从中进行选择。如果允许单选，则呈现为下拉菜单样式；如果允许多选，则呈现为一个列表框，在需要时会自动显示滚动条。

　　选择框由两个元素合成：select 和 option。通常，在 select 元素里设置 name 属性，在每个 option 元素里设置 value 属性。具体语法格式如下：

```
<select v-model="JavaScript 变量">
    <option value="选项值">选项名</option>
    ...
</select>
```

1．设计下拉菜单

　　【**示例 1**】本示例设计一个下拉菜单，并把选中的值动态显示出来，演示效果如图 6.9 所示。如果 v-model 的初始值未能匹配任何选项，元素将被渲染为未选中状态。

```
<div id="demo">
    <select v-model="selected">
        <option disabled value="">选择喜欢的语言</option>
        <option>Python</option>
        <option>Java</option>
        <option>C</option>
        <option>JavaScript</option>
    </select>
    <span>选择的语言：{{selected}}</span>
</div>
<script>
    Vue.createApp({                      //创建 Vue.js 应用
        data(){                          //定义应用的数据选项
            return{selected: ''}         //定义选择变量
        }
    }).mount('#demo')                    //绑定应用到 HTML 标签上
</script>
```

（a）

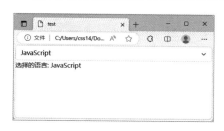

（b）

图 6.9　下拉菜单的双向绑定

> **提示**
>
> 如果 option 元素没有包含 value 属性，当被选中时，则传递的值为标签包含的文本；如果 option 元素包含 value 属性，当被选中时，则传递的值为 value 属性值。

2．设计列表框

【**示例 2**】本示例在示例 1 的基础上，为 select 元素添加 multiple 属性，定义列表框，实现多选，演示效果如图 6.10 所示。在本示例中，实例变量 selected 初始为字符串型，但 Vue.js 会将其转换为数组。

```html
<div id="demo">
    <select v-model="selected" multiple class="form-select" size="5">
        <option disabled value="">选择喜欢的语言</option>
        <option>Python</option>
        <option>Java</option>
        <option>C</option>
        <option>JavaScript</option>
    </select>
    <span>选择的语言：{{selected}}</span>
</div>
<script>
    Vue.createApp({                          //创建 Vue.js 应用
        data(){                              //定义应用的数据选项
            return{selected: ''}             //定义选择变量
        }
    }).mount('#demo')                        //绑定应用到 HTML 标签上
</script>
```

图 6.10　列表框的双向绑定

> **提示**
>
> 在下拉菜单中，默认选中的是第 1 个选项；而在列表框中，默认没有选中的项。使用 size="n"设置选择框的高度（以行为单位）。使用 selected 属性可以指定该选项被默认选中。

3．v-for 和 v-model 配合使用

在实际开发中，option 选项一般会使用 v-for 指令动态渲染，其中每一项的 value 值和 text 值都可以使用 v-bind 指令绑定。

【**示例 3**】针对示例 2，可以按如下方式进行优化，最后的演示效果完全一样。其中，使用实例变量 options 记录每一个选项信息，包括 value 值和 text 值，然后使用\<option v-for="option in options" :value="option.value">{{option.text}}\</option>进行渲染。

```html
<div id="demo">
```

```
    <select v-model="selected" multiple class="form-select" size="5">
        <option disabled value="">选择喜欢的语言</option>
        <option v-for="option in options" :value="option.value">
        {{option.text}}</option>
    </select>
    <span>选择的语言：{{selected}}</span>
</div>
<script>
    Vue.createApp({                          //创建 Vue.js 应用
        data(){                              //定义应用的数据选项
            return{
                selected: '',                //选中选项变量
                options:[                     //选项信息列表
                    {text:"Python", value:"Python"},
                    {text:"Java", value:"Java"},
                    {text:"C", value:"C"},
                    {text:"JavaScript", value:"JavaScript"}
                ]
            }
        }
    }).mount('#demo')                        //绑定应用到 HTML 标签上
</script>
```

📢 **注意**

如果 v-model 绑定的变量初始值不匹配任何一个选项，select 元素会渲染为未选择的状态。考虑到浏览器的兼容性，建议在第 1 个选项中定义一个空值禁用项，如本示例所示。

6.4 绑定动态值

对于选择框来说，使用 v-model 指令绑定的值通常是字符串，复选框也可以是布尔值。如果使用 v-bind 指令，则可以实现动态值的绑定，不再仅限于字符串或布尔值。

6.4.1 单选按钮

扫一扫，看视频

使用 v-bind 指令可以为单选按钮的 value 属性绑定动态值。

【示例】在下面的示例中，通过:value="sex"指令为单选按钮的 value 绑定 sex 变量。当单击选中该按钮后，按钮的 value 值为变量 sex 的值'男士'，并将该值同步给 message，演示效果如图 6.11 所示。

```
<div id="demo">
    <input type="radio" v-model="message" id="gender-male" :value="sex"/>
    <label for="gender-male" class="form-check-label">{{message}}</label>
</div>
<script>
    Vue.createApp({                          //创建 Vue.js 应用
        data(){                              //定义应用的数据选项
            return{                           //定义动态值
                sex: '男士',
```

```
                       message: '未选择'
               }
           }
   }).mount('#demo')                      //绑定应用到HTML标签上
</script>
```

（a） （b）

图 6.11　为单选按钮绑定动态值

6.4.2　复选框

Vue.js 为复选框定义了两个特殊的属性，它们与 v-model 指令配合使用，如果与 v-bind 指令一起使用，可以绑定动态值。

（1）true-value：勾选状态时的 value 值。

（2）false-value：未勾选状态时的 value 值。

【**示例 1**】下面的示例设置 true-value="myName@163.com"、false-value="no"，这样当复选框被勾选时，值为"myName@163.com"；取消勾选时，值为"no"，并同步给 message，演示效果如图 6.12 所示。

```
<div id="demo">
    <p class="form-check">
        <input type="checkbox" v-model="message" true-value="myName@163.com"
        false-value="no" id="email" name="email" value="电子邮箱"  class=
        "form-check-input"/>
        <label for="email" class="form-check-label">{{message}}</label>
    </p>
</div>
<script>
    Vue.createApp({                        //创建 Vue.js 应用
        data(){                            //定义应用的数据选项
            return{message: '电子邮箱'}
        }
    }).mount('#demo')                      //绑定应用到HTML标签上
</script>
```

（a）默认状态 （b）勾选 （c）取消勾选

图 6.12　为复选框绑定动态值

【**示例 2**】使用 v-bind 指令可以为 true-value 和 false-value 绑定动态值。

```
<div id="demo">
```

```
        <p class="form-check">
            <input type="checkbox" v-model="message" :true-value="yes":false-
            value="no" id="email" name="email" value="电子邮箱1" class="form-
            check-input"/>
            <label for="email" class="form-check-label">{{message}}</label>
        </p>
    </div>
    <script>
        Vue.createApp({                         //创建 Vue.js 应用
            data(){                             //定义应用的数据选项
                return{                         //定义动态变量
                    yes:"勾选了电子邮箱",
                    no: "取消勾选电子邮箱",
                    message: '电子邮箱'
                }
            }
        }).mount('#demo')                       //绑定应用到 HTML 标签上
    </script>
```

扫一扫，看视频

6.4.3　选择框

使用 v-bind 指令可以为每个 option 选项绑定动态 value 属性值。

【示例】在下面的示例中，使用 v-bind 指令为每个 option 的 value 属性绑定一个对象，这样就可以通过一个选项传递更多复杂信息，演示效果如图 6.13 所示。

```
<div id="demo">
    <select v-model="selected" multiple class="form-select" size="5">
        <option disabled value="">选择喜欢的语言</option>
        <option :value="{id:1, value:'Python'}">Python</option>
        <option :value="{id:2, value:'Java'}">Java</option>
        <option :value="{id:3, value:'C'}">C</option>
        <option :value="{id:4, value:'JavaScript'}">JavaScript</option>
    </select>
    <span>选择的语言：{{selected}}</span>
</div>
<script>
    Vue.createApp({                         //创建 Vue.js 应用
        data(){                             //定义应用的数据选项
            return{selected: ''}            //定义选择项目变量
        }
    }).mount('#demo')                       //绑定应用到 HTML 标签上
</script>
```

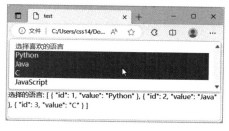

图 6.13　为选择框绑定动态值

6.5　使用:class 指令

:class 是 v-bind:class 的缩写，该指令能够动态绑定 HTML 的 class 属性，用于灵活设计类样式。

6.5.1　绑定对象

绑定对象的语法格式如下：

```
<标签名 :class="JavaScript 对象"></标签名>
```

JavaScript 对象由一个或多个键值对组成,键名表示类名,键值表示对应的类名是否可用。如果键值为 true，则该类存在；否则不存在。

【示例 1】在下面的示例中，根据变量 isAlert 的布尔值决定是否显示 alert 类，根据变量 hasError 的布尔值决定是否显示 alert-danger 类，演示效果如图 6.14 所示。

```
<div id="demo">
    <div :class="{alert: isAlert, 'alert-danger': hasError}">{{info}}
    </div>
</div>
<script>
    Vue.createApp({                          //创建 Vue.js 应用
        data(){                              //定义应用的数据选项
            return{                          //返回实例的数据集
                isAlert: true,
                hasError: true,
                info: "显示错误信息!"
            }
        }
    }).mount('#demo')                        //绑定应用到 HTML 标签上
</script>
```

图 6.14　显示的复合类样式

【示例 2】也可以直接为:class 传递一个对象表达式，或者绑定一个返回对象的计算属性，又或者绑定一个返回对象的方法调用。

```
<div :class="class_obj">{{info}}</div>
data(){                                      //定义应用的数据选项
    return{                                  //返回实例的数据集
        class_obj: {
            alert: true,
            'alert-danger': true
        },
```

```
            info: "显示错误信息！"
        }
    }
```

在对象中，可以通过定义多个字段来操作多个 class。此外，:class 指令也可以和一般的 class 一起使用。Vue.js 会把它们合并在一起，具体代码如下：

```
<div class="static" :class="{alert: isAlert, 'alert-danger': hasError}">
</div>
```

渲染结果如下：

```
<div class="static alert alert-danger"></div>
```

6.5.2　绑定数组

扫一扫，看视频

绑定数组的语法格式如下：

```
<标签名 :class="JavaScript 数组"></标签名>
```

JavaScript 数组由一个或多个元素组成，元素映射当前实例的变量，元素的值就是变量的值，最后渲染时通过变量的值构成一个复合类样式。

【示例】针对 6.5.1 小节中的示例 1，可以使用数组来传递值。

```
<div id="demo">
    <div :class="[isAlert, hasError]">{{info}}</div>
</div>
<script>
    Vue.createApp({                              //创建 Vue.js 应用
        data(){                                  //定义应用的数据选项
            return{                              //返回实例的数据集
                isAlert: "alert",
                hasError: "alert-danger",
                info: "显示错误信息！"
            }
        }
    }).mount('#demo')                            //绑定应用到 HTML 标签上
</script>
```

如果想在数组中有条件地渲染某个类，可以嵌套三元表达式，具体代码如下：

```
<div :class="[isAlert, info?hasError:'']">{{info}}</div>
```

alert 会一直存在，但是 alert-danger 只会当 info 包含的信息不为空时才存在。

为了降低代码的复杂度，Vue.js 允许在数组中嵌套对象，以设计条件渲染，具体代码如下：

```
<div :class="[isAlert, {'alert-danger': info}]">{{info}}</div>
```

6.6 使用:style 指令

:style 是 v-bind:style 的缩写，该指令能够动态绑定 HTML 的 style 属性，用于灵活设计内联样式。

扫一扫，看视频

6.6.1 绑定对象

绑定对象的语法格式如下：

```
<标签名 :style="JavaScript 对象"></标签名>
```

JavaScript 对象由一个或多个键值对组成，键名表示 CSS 属性名，键值表示 CSS 属性值。

【示例 1】在下面的示例中，使用:style 动态绑定两个内联样式：红色字体和 18px 大小。

```
<div id="demo">
    <div :style="{color: red, fontSize: n + 'px'}">{{info}}</div>
</div>
<script>
    Vue.createApp({                              //创建 Vue.js 应用
        data(){                                  //定义应用的数据选项
            return{                              //返回实例的数据集
                red: "red",
                n: 18,
                info: '<标签名 :style="JavaScript 对象"></标签名>'
            }
        }
    }).mount('#demo')                            //绑定应用到 HTML 标签上
</script>
```

对于复合 CSS 属性名，可以使用驼峰命名法定义键名，如 fontSize；也可以使用 CSS 默认的连字符语法，如'font-size'（包含引号）。

【示例 2】针对示例 1，也可以为:style 直接绑定一个样式对象，这样模板会更简洁。

```
<div id="demo">
    <div :style="style">{{info}}</div>
</div>
<script>
    Vue.createApp({                              //创建 Vue.js 应用
        data(){                                  //定义应用的数据选项
            return{                              //返回实例的数据集
                style:{                          //CSS 样式集对象
                    color: "red",
                    fontSize: '18px'
                },
                info: '<标签名 :style="JavaScript 对象"></标签名>'
            }
        }
    }).mount('#demo')                            //绑定应用到 HTML 标签上
</script>
```

提示

如果样式对象需要更复杂的逻辑，也可以使用返回样式对象的计算属性。

6.6.2 绑定数组

扫一扫，看视频

绑定数组的语法格式如下：

```
<标签名 :style="JavaScript 数组"></标签名>
```

JavaScript 数组由一个或多个元素组成，每个元素表示一个 JavaScript 对象。每个 JavaScript 对象由一个或多个键值对组成，键名表示 CSS 属性名，键值表示 CSS 属性值。

【示例】下面的示例通过 JavaScript 数组为:style 提供两个对象，第 1 个对象包含一个样式，第 2 个对象包含两个样式。

```
<div id="demo">
    <div :style="[color, size]">{{info}}</div>
</div>
<script>
    Vue.createApp({                                  //创建 Vue.js 应用
        data(){                                      //定义应用的数据选项
            return{                                  //返回实例的数据集
                color:{color: "red"},
                size:{fontSize: "18px", "font-weight": "bold"},
                info: '<标签名 :style="JavaScript 数组"></标签名>'
            }
        }
    }).mount('#demo')                                //绑定应用到 HTML 标签上
</script>
```

提示

当在:style 中使用了特殊前缀的 CSS 属性时，Vue.js 在运行时就会自动检查该属性是否支持在当前浏览器中使用。如果浏览器不支持某个属性，那么将尝试加上各个浏览器的特殊前缀，以找到哪一个是被支持的。

还可以对一个样式属性提供多个值，数组仅会渲染浏览器支持的最后一个值。例如，在以下模板中，在支持不需要特殊前缀的浏览器中都会渲染为 display: flex。

```
<div :style="{display: ['-webkit-box', '-ms-flexbox', 'flex']}"></div>
```

6.7 案 例 实 战

6.7.1 制作甄选推荐栏目

【案例】本案例设计一个商品甄选推荐栏，当浏览者单击不同的商品时，会高亮显示所选商品，并在栏目底部显示所选商品的合计总价，演示效果如图 6.15 所示。

扫一扫，看视频

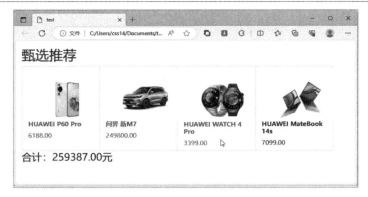

图 6.15　甄选推荐合计总价

（1）新建 HTML 文档，设计应用程序结构。

```
<div id="app">
    <h1>甄选推荐</h1>
    <ul class="list-group list-group-horizontal">
        <li v-for="item in items" @click="toggleActive(item)" :class=
        "{'active1': item.active}"><div><img :src="item.image" width=
        "200"></div>
            <h5>{{item.name}}</h5>
            <div>{{item.price.toFixed(2)}}</div>
        </li>
    </ul>
    <h3>合计：{{total()}}元</h3>
</div>
```

（2）使用 v-for 指令遍历数据集 items，该数据项包含 4 个字段：name（商品名称）、price（商品价格）、image（商品展示图）和 active（布尔值，是否被选中）。

```
data(){
    return{
        items: [
            {name: 'HUAWEI P60 Pro', price: 6188, image: "1.png", active:
            false},
            {name: '问界 新M7', price: 249800, image: "2.png", active:
            false},
            {name: 'HUAWEI WATCH 4 Pro', price: 3399, image: "3.png",
            active: false},
            {name: 'HUAWEI MateBook 14s', price: 7099, image: "4.png",
            active: false}
        ]
    }
},
```

（3）把每一项数据绑定到当前列表项内，使用@click="toggleActive(item)"指令绑定单击事件，调用 toggleActive()方法，将当前项目 item 的 active 选项值在 true 和 false 之间切换。

```
methods: {
    toggleActive: function(i){
        i.active = !i.active;                    //简单切换 true/false
    },
}
```

（4）使用:class= "{'active1': item.active}"指令，根据当前项目的 item.active 选项值确定是否应用 active1 类样式，让当前项目高亮显示，或者取消高亮显示。

（5）使用:src="item.image"指令为当前列表项目插入商品图片，使用{{item.name}}语法显示当前商品名称，使用{{item.price.toFixed(2)}}表达式显示当前商品的价格，这里调用数字的 toFixed(2)方法，显示 2 个小数位。

（6）在末尾调用{{total()}}方法，汇总并显示所有被高亮显示的商品价格的总和。

```
methods: {
    total: function(){
        var total = 0;                              //汇总变量，初始为 0
        this.items.forEach(function(s){             //使用 forEach()方法遍历数组
            if(s.active){              //只要 active 字段的值为 true，才会汇总计算
                total += s.price;
            }
        });
        return total.toFixed(2);   //调用 toFixed(2)方法，显示 2 个小数位
    }
}
```

6.7.2　生成随机数表

【案例】本案例设计一个 100 以内的随机数表，定义数表隔行换色样式，换色方案可以 扫一扫，看视频
自定义，当鼠标指针经过某个单元格时，能够高亮显示所有与当前单元格相同的数字单元格，演示效果如图 6.16 所示。

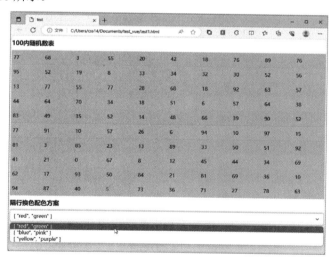

图 6.16　设计 100 以内的随机数表隔行换色

（1）新建 HTML 文档，在 JavaScript 脚本中创建一个 Vue.js 应用实例，并使用 computed 选项定义一个计算属性 tables，动态生成一个二维数组，包含 100 个 100 以内的随机整数。

```
Vue.createApp({                                     //创建 Vue.js 应用
    computed: {
        tables(){                                   //生成 100 个 100 以内的随机数表
            let a = new Array();                    //创建一个空数组
            for(var i = 0; i < 10; i++){            //一维长度为 10
                a[i] = new Array();                 //为当前元素创建数组
```

```
                        for(var j = 0; j < 10; j++){        //二维长度为10
                            a[i][j] = Math.floor(Math.random()*100);
                                                             //生成 100 以内的随机整数
                        }
                    }
                return a;                                    //返回二维数组
            }
        }
}).mount('#app')                                             //绑定应用到 HTML 标签上
```

（2）设计应用程序结构，包含一个表格和一个下拉菜单。

```
<div id="app">
    <h3>100 内随机数表</h3>
    <table>
        <tr v-for='(trItem,trIndex) in tables' :class='trIndex%2==
        0?colors[colorSel][0]: colors[colorSel][1]'>
            <td v-for='(tdItem,tdIndex) in trItem':style="{color:tdSel==
            tdItem?'red': '#000'}" @mouseover="move(tdItem)"> {{tdItem}}
            </td></tr>
    </table>
    <h3>隔行换色配色方案</h3>
    <select @change='change'>
        <option v-for="(item,index) in colors" :value='index'>{{item}}
        </option>
    </select>
</div>
```

（3）在<tr>标签中使用 v-for='(trItem,trIndex) in tables'指令遍历数表 tables，根据数组下标的奇偶性定义隔行类样式：class='trIndex%2==0?colors[colorSel][0]: colors[colorSel][1]'。

（4）在<td>标签中使用 v-for='(tdItem,tdIndex) in trItem'指令遍历每个元素中包含的所有子元素。定义动态内联样式：:style="{color:tdSel==tdItem?'red': '#000'}"，判断鼠标指针经过单元格的数字是否与当前单元格的数字相等，如果相等，则显示红色字体；否则显示黑色字体。绑定鼠标指针经过时的事件处理函数：@mouseover="move(tdItem)"，move()方法的代码如下：

```
methods: {
    move(item){this.tdSel = item;}
},
```

（5）在<select @change='change'>标签中绑定选择事件处理函数，change()方法的代码如下：

```
methods: {
    change(e){
        console.log(e.target.value);           //获取下拉菜单标签的下标
        this.colorSel = e.target.value;         //把当前选项值传递给实例变量 colorSel
    }
},
```

（6）在<option>标签中使用 v-for="(item,index) in colors"指令遍历配色方案数组，使用:value='index'把配色方案数组的下标绑定到 value 属性上。

（7）完成 Vue.js 实例的初始化数据工作，设置 data 选项的代码如下：

```
data(){
    return{
```

```
colors: [['red', 'green'], ['blue', 'pink'], ['yellow', 'purple']],
                                          //配色表
colorSel: 0,                              //控制隔行变色的下标
tdSel:100                                 //当前单元格的数字, 初始为100
    }
},
```

6.7.3　设计 Tab 选项卡

扫一扫，看视频

【案例】本案例设计一个 Tab 选项卡，定义当鼠标指针经过 Tab 选项的标题栏时，会在内容框显示相应选项的内容，演示效果如图 6.17 所示。

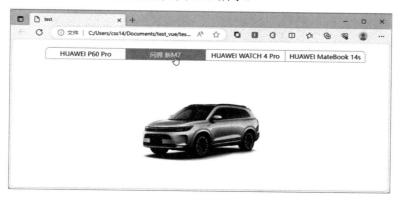

图 6.17　设计 Tab 选项卡

（1）新建文档，构建应用程序结构。整个页面包含两部分：选项标题栏和选项内容框。

```
<div id="tab">
    <ul>
        <li v-on:mouseover="change(index)":class="[currentindex==index?
        'active':'']": key = "item.id" v-for="(item,index) in list">
        {{item.text}}</li>
    </ul>
    <div :class="[currentindex==index?'current':'']" v-for="(item,index)
    in list">
        <img :key="item.id" v-bind:src="item.imgsrc"/>
    </div>
</div>
```

（2）选项标题栏通过列表结构构建。在<li>标签中，使用 v-for="(item,index) in list"指令遍历数据列表，动态生成选项标题栏。list 是一个数组，通过 data 选项初始化，该数组包含 3 个字段：id（编号）、text（名称）和 imgsrc（对应内容框的图像）。

```
data(){
    return{
        currentindex: '0',                //当前选项的索引
        list: [                           //选项标题栏初始化数据
                {id: '1', text: 'HUAWEI P60 Pro', imgsrc: '1.png'},
                {id: '2', text: '问界 新 M7', imgsrc: '2.png'},
                {id: '3', text: 'HUAWEI WATCH 4 Pro', imgsrc: '3.png'},
                {id: '4', text: 'HUAWEI MateBook 14s', imgsrc: '4.png'}]
    }
},
```

（3）使用:class="[currentindex==index?'active':'']"指令定义当前选项标题栏被激活时绑定 active 类样式。使用 v-on:mouseover="change(index)"指令监听鼠标指针是否经过当前选项标题栏，如果经过，则调用 change(index)方法，并把当前选项标题栏的编号传入进去。change()方法会把参数 index 传递给实例变量 currentindex，这样就与:class 指令的代码相互协同，实现鼠标指针经过时切换不同选项的目的。

```
methods: {
    change: function(index){
        this.currentindex = index;
    }
}
```

选项内容框通过<div>标签设计。使用 v-for="(item,index) in list"指令把 list 数据集中的图像装入每个 div 内容框。然后根据:class="[currentindex==index?'current':'']"指令决定当前选项内容框是否显示，如果当前内容框的 index 与实例变量 currentindex 相同，则绑定 current 类样式并进行显示，否则将进行隐藏。

（4）在每个选项内容框中通过<img :key="item.id" v-bind:src="item.imgsrc" />动态绑定每个内容框要显示的图像。

扫一扫，看视频

6.7.4 设计手风琴

【案例】手风琴组件类似于伸缩盒，结构和功能与选项卡组件相似，但显示形式不同。

（1）手风琴也包括两部分：导航按钮和面板容器，但是按钮一般与对应的容器放在一起，组件代码结构如下：

```
<div id="app">
    <div v-for="(item,index) in items" :key="item.id">
        <button :class="[head]" @click="click">{{item.text}}</button>
        <div :class="[content]">
            <p><img :key="item.id" v-bind:src="item.imgsrc"/></p>
        </div>
    </div>
</div>
```

借用 6.7.3 小节中的案例的数据，本案例使用 v-for="(item,index) in items"指令把每一个选项的标题和内容动态生成到每一部分，然后绑定插值显示。

（2）在标题按钮上使用@click="click"指令监听单击事件，响应时调用 click()方法。

```
methods: {
    click(e){
        let _this = e.target;                       //获取当前标题按钮
        _this.classList.toggle("active");//在类集合中切换到active，即激活当前项目
        let panel = _this.nextElementSibling;    //获取对应的内容框
        if(panel.style.maxHeight){                //如果内容框展开，则隐藏
            panel.style.maxHeight = null;
        } else {                                  //如果内容框隐藏，则展开，设置最高高度
            panel.style.maxHeight = panel.scrollHeight + "px";
        }
    }
}
```

一般内容容器都隐藏显示，单击按钮可以展开对应的内容容器。手风琴有两种展开形式：一次只能展开一个容器，类似于单选按钮组，只能选中一个按钮；每个容器都可以任意展开和收起，类似于复选框组。手风琴组件演示效果如图 6.18 所示。

图 6.18 手风琴组件演示效果

6.7.5 设计侧边栏

【案例】侧边栏组件在移动 Web 中经常会看到，它能够在有限的屏幕空间中包含更多内容，使用手指滑动，就能够从一侧拉出一个面板，不需要时可以关闭，实用而又不占空间。

（1）本案例针对桌面应用设计一个侧边栏，需要鼠标操作，单击主界面按钮，才能够滑出面板，组件代码结构如下：

```
<div id="app">
    <div id="mySidenav" class="sidenav">
        <a href="#" class="closebtn" @click.prevent="closeNav">&times;</a>
        <a v-for="(item,index) in items" :key="item.id" :href="item.href">
        {{item.text}}</a>
    </div>
    <div id="main">
        <span @click="openNav">&#9776; 打开</span>
    </div>
</div>
```

（2）在侧边栏框（<div id="mySidenav" class="sidenav">）中添加一个关闭侧边栏的图标按钮，使用@click.prevent="closeNav"指令检测鼠标单击事件，通过响应时调用 closeNav()方法关闭当前侧边栏框，同时使用.prevent 修饰符阻止超链接的默认跳转行为。

```
methods: {
    closeNav(e){                                        //关闭侧边栏
        document.getElementById("mySidenav").style.width = "0";
        document.getElementById("main").style.marginLeft = "0";
    },
    openNav(){                                          //打开侧边栏
        document.getElementById("mySidenav").style.width = "250px";
        document.getElementById("main").style.marginLeft = "250px";
    }
}
```

（3）在侧边栏框的关闭图标下面添加<a>标签，使用 v-for="(item,index) in items" :key="item.id"指令遍历数据集 items，生成多个导航链接并动态绑定:href="item.href"链接地址，插入动态文本{{item.text}}。

```
data(){
    return{
        items: [{id: '1', text: '关于', href: '#1'},
                {id: '2', text: '服务', href: '#2'},
                {id: '3', text: '产品', href: '#3'},
                {id: '4', text: '联系', href: '#4'}]
    }
},
```

使用<span @click="openNav">在侧边栏框外面的<div id="main">框中添加一个"打开"按钮，绑定 click 事件并调用 openNav()方法，单击该按钮打开侧边栏。

（4）在默认状态下，侧边栏面板<div id="mySidenav" class="sidenav">被隐藏，单击主界面的"☰打开"按钮即可打开面板，而单击面板中的"×"按钮可以收起面板，演示效果如图 6.19 所示。侧边栏可以位于左侧、右侧、顶部或底部，具体形式可以根据应用需要而定。

图 6.19　侧边栏面板

扫一扫，看视频

6.7.6　数据化生成课程表

【案例】本案例采用二维数组设计一个课程表，固定显示每周 7 天，以及固定课节数，无数据的天及课节也会固定占位，演示效果如图 6.20 所示。

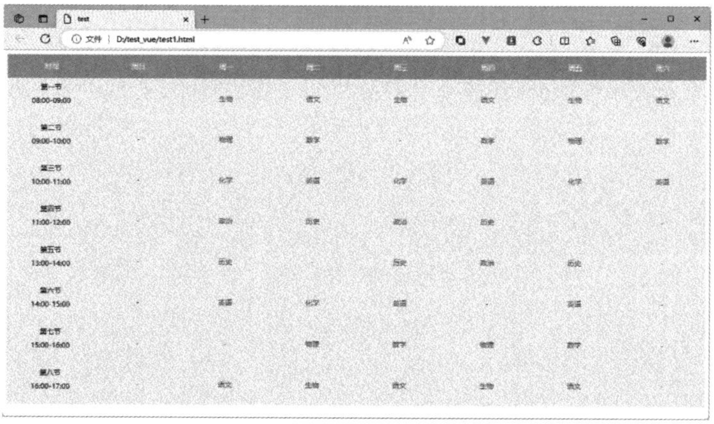

图 6.20　设计课程表

　　课程表的结构和样式可以使用 HTML 表格和 CSS 快速完成，本案例练习的重点在于两点：表格内容的数据脚本化，可以考虑从后台读取，然后借助 Vue.js 的优势进行快速渲染；表格样式的脚本化，本案例把事先设计好的 CSS 转换为 Vue.js 实例对象的数据，然后通过样式绑定指令进行精确控制。

　　（1）通过后台请求或脚本自动生成课程表内容。为了简化演示，本案例在 data 选项中静态提供，具体代码如下：

```
classTableData: {
    lessons: ['08:00-09:00', '09:00-10:00', '10:00-11:00', '11:00-12:00',
              '13:00-14:00', '14:00-15:00', '15:00-16:00', '16:00-17:00'],
    courses: [
        ['', '', '', '', '', '', '', ''],
        ['生物', '物理', '化学', '政治', '历史', '英语', '', '语文'],
        ['语文', '数学', '英语', '历史', '', '化学', '物理', '生物'],
        ['生物', '', '化学', '政治', '历史', '英语', '数学', '语文'],
        ['语文', '数学', '英语', '历史', '政治', '', '物理', '生物'],
        ['生物', '物理', '化学', '', '历史', '英语', '数学', '语文'],
        ['语文', '数学', '英语', '', '', '', '', ''],
    ]
}
```

　　（2）使用 v-for 指令把数据渲染到表格的<th>、<tr>和<td>标签上。

```
<table :style="table">
    <thead :style="thead">
        <tr>
                <th :style="thead_th">时间</th>
                <th :style="thead_th" v-for="(weekNum, weekIndex) in
                classTableData.courses.length " :key="weekIndex">{{'周' +
                digital2Chinese(weekIndex, 'week')}}</th>
        </tr>
    </thead>
    <tbody :style="tbody">
        <tr v-for="(lesson, lessonIndex) in classTableData.lessons":
        key="lessonIndex">
                <td :style="tbody_th">
                    <p>{{'第' + digital2Chinese(lessonIndex+1) + "节"}}</p>
                    <p :style="{fontSize: '8px'}">{{lesson}}</p>
                </td>
                <td :style="tbody_td" v-for="(course, courseIndex) in
                classTableData.courses":key="courseIndex">{{classTableData.
                courses[courseIndex][lessonIndex] || '-'}}</td>
        </tr>
    </tbody>
</table>
```

　　（3）把主要表格样式全部数据化，以对象格式在 data 选项中进行初始化。

```
thead_th: {
    color: "#fff",
    lineHeight: "17px",
    fontWeight: "normal",
},
```

（4）使用:style 指令把相应的样式对象绑定到标签上，如<th :style="thead_th">。其他样式对象和标签绑定方法相同，这里不再一一说明，读者可以参考本小节示例源代码。

6.7.7 设计记事便签

【案例】 本案例将制作一个简单的记事便签，方便临时记录日常事项，避免遗忘，演示效果如图 6.21 所示。整个便签程序包含写入、删除和提醒 3 个功能。勾选某条记录前的复选框，则该条记录以灰色显示，表示已完结。单击记录右侧的"删除"按钮，可以清除该条记录。如果新增记录，可以在底部文本框中输入信息，然后单击"保存"按钮即可。

（a）

（b）

图 6.21　设计记事便签

（1）新建 HTML 文档，构建程序结构。整个程序包含 3 部分：标题行、主体列表和脚注行。

```
<div id="app" class="card">
    <div class="card-header">
        <h3>记事便签</h3>
        <div> {{cards.filter(item=>!item.done).length}}/{{cards.length}}
        待做</div>
    </div>
    <ul class="list-group list-group-flush">
        <li v-for="(item,index) in cards" class="list-group-item">
            <input type="checkbox" v-model="item.done">
            <span :class="{done:item.done}">{{item.date}}</span>
            <span :class="{done:item.done}">{{item.title}}</span>
            <button @click="delete(index)" :class="{done:item.done}">删除
            </button>
        </li>
    </ul>
    <div class="card-footer">
        <input type="text" v-model="thing" @keydown.enter="save">
        <button v-on:click="save">保存</button>
    </div>
</div>
```

在标题行，使用{{cards.filter(item=>!item.done).length}}动态显示未做事项条数，以及所有记录条数（{{cards.length}}）。在主体列表区域，使用 v-for="(item,index) in cards"指令把 cards

集合中所有事项遍历显示。在脚注区域，添加一个文本框，绑定变量 v-model="thing"，按 Enter 键或者单击"保存"按钮，调用 save()方法，保存新添加的记录。

在每个列表项目中，使用 v-model="item.done"指令标识当前记录是否已完成，如果完成，则显示勾选状态；否则显示未勾选状态。这里为复选框双向绑定了 item.done，当复选框改变时，会影响 item.done 的值；而当 item.done 改变时，也会影响所有使用了这个 item.done 的绑定。

使用 v-bind 指令为 class 属性绑定了一个对象，对象的 key 就是类名，对象的 value 是布尔值，当布尔值为 true 时，作用这个 key 样式；当布尔值为 false 时，去除这个 key 样式。使用:class="{done:item.done}"指令把已完成事项添加 done 类样式，让其显示为灰色。

使用@click="delete(index)"指令为当前"删除"按钮绑定 delete(index)事件处理函数，即可删除当前记录。在脚注部分，为文本框绑定变量 v-model="thing"。

（2）创建 Vue.js 应用，并挂载到页面卡片标签上\<div id="app" class="card"\>，然后初始化应用实例，并添加两个方法：save()和 delete()。主要 JavaScript 脚本如下：

```
const vm = Vue.createApp({           //创建一个应用程序实例
    data(){                          //该函数返回数据对象
        return{
            cards,                   //便签对象，包含 id、title、date 和 done 4 个字段
            thing: ''                //记事信息，将保存到 cards.title 字段中
        }
    },
    methods: {
        save(){                      //保存记录，将文本框内容 push 到 cards 中
            const thing = this.thing.trim()    //清理左右空格
            if(!thing.length){return}          //非空判断
            let _d = new Date();               //获取当前时间信息
            let _d = ["周日", "周一", "周二", "周三", "周四", "周五", "周六"]
            this.cards.push({   //把 id、title、date 和 done 字段写入 cards 数组
                id: this.cards[this.cards.length - 1].id + 1,
                title: thing,
                date: _d.getMonth() + 1 + "月" + _d.getDate() + "日" +
                _d[_d.getDay()],
                done: false                    //未完成状态
            })
            this.thing = ''                    //添加完后清空
        },
        delete(index) {this.cards.splice(index, 1)},//删除指定下标的记录
    }
}).mount('#app');                    //装载应用程序实例的根组件
```

6.7.8　设计调查表

扫一扫，看视频

【案例】使用 Vue.js 设计表单页比较简单，通过使用 v-model 指令对表单数据进行自动收集，从而能轻松实现表单输入和应用状态之间的双向绑定。

本案例综合本章所学的各种表单对象的绑定方法设计一个调查表，综合应用文本框、文本区域、单选按钮、复选框、选择框等不同类型的控件，演示效果如图 6.22 所示。

图 6.22　设计调查表

（1）新建 HTML 文档，设计单页面应用结构。

```html
<div id="app">
    <h1 class="text-center">调查表</h1>
    <form @submit.prevent="handleSubmit">
        <label for="name"><strong>姓名</strong></label><input type="text"
        v-model="user.name" id="name">
        <dl><dt>性别</dt><dd>
                <input type="radio" id="female" value="female" v-model=
                "user.gender" > <label for="female">女</label>
                <input type="radio" id="male" value="male" v-model=
                "user.gender"> <label for="male">男</label></dd>
        </dl>
        <dl><dt>专业</dt><dd>
                <input type="checkbox" id="java" value="Java" v-model=
                "user.speciality"><label for="java">Java 开发</label>
                <input type="checkbox" id="python" value="Python" v-model=
                "user.speciality"> <label for="python">Python 开发</label>
                <input type="checkbox" id="js" value="JavaScript" v-model=
                "user.speciality"><label for="js">前端开发</label>
            </dd>
        </dl>
        <dl>
            <dt>城市</dt><dd><select v-model="user.city">
                    <option value="" disabled>未选择</option>
                    <option v-for="city in citys" :value="city.id">
                    {{city.name}} </option>
                </select></dd>
        </dl>
        <dl><dt>建议</dt><textarea v-model="user.suggest"></textarea></dl>
        <div><input type="submit" value="提交"></div>
    </form>
</div>
```

在<form @submit.prevent="handleSubmit">标签上绑定 submit 事件处理函数，禁止默认的页面跳转行为，允许调用 handleSubmit()方法。使用 v-model 指令为每个表单对象绑定数据：v-model="user.name"、v-model="user.gender"、v-model="user.speciality"、v-model="user.city"、v-model="user.suggest"。

（2）user 表示 Vue.js 实例的一个用户数据对象，包含 5 个字段，如下面代码所示。其中，城市下拉列表框使用<option v-for="city in citys">生成，并绑定动态值（:value="city.id"），数据源为 data 选项中的 citys 数组。

```
data(){                                        //该函数返回数据对象
    return {
        user: {                                //用户数据对象
            name: '',                          //姓名
            gender: 'female',                  //性别，设置默认值
            speciality: [],                    //专业，数组类型，接收多个选项
            city: '',                          //城市
            suggest: ''                        //建议
        },
        citys: [{id:1, name: "北京"},{id:2, name: "上海"},{id:3, name:
"广州"}],
    }
},
```

（3）在 methods 选项中定义一个实例方法 handleSubmit()，单击"提交"按钮时，将在表单 submit 事件上被调用。通过使用 JSON.stringify()方法把 user 用户信息转换为 JSON 字符串，并在控制台输出。

```
handleSubmit(event) {
    console.log(JSON.stringify(this.user));
}
```

（4）在浏览器中运行程序，填写调查信息后，单击"提交"按钮，按 F12 键打开控制台并切换到控制台（Console）选项，可以看到用户的调查信息，演示效果见图 6.22。

6.7.9　设计注册页

【案例】本案例计划构建一个用户注册页面，页面由标题、3 行信息输入框、偏好设置和确认按钮 4 部分组成，演示效果如图 6.23 所示。

页面 UI 效果显示了每部分的基本功能，如在文本框上方有些标注了红色星号，表示此项是必填项，即如果用户不填写，将无法完成注册操作。对于密码输入框，将其类型设置为 password，当输入文本时，会被自动加密。

图 6.23　设计注册页

当用户单击"开始创建"按钮时，将获取用户输入的用户名、密码、邮箱地址和偏好设置。其中，用户名和密码是必填项，并且密码的长度需要大于 6 位，对于用户输入的邮箱，可以使用正则表达式进行校验，只有格式正确的邮箱才允许被注册。

（1）本案例页面中的 3 个文本框计划通过循环动态渲染，因此在对其进行绑定时，采用动态的方式进行绑定。首先，在 HTML 中将需要绑定的变量设置好。

```html
<div class="container" id="app">
    <div class="container">
        <div class="subTitle">加入我们，一起向未来</div>
        <h1 class="title">输入您的信息</h1>
        <div v-for="(item, index) in fields" class="inputContainer">
            <div class="field">{{index+1 +". " + item.title}} <span
            v-if="item.required"
                style="color: red;">*</span></div>
            <input v-model="item.model" :type="item.type" class="form-
            control"/>
            <div v-if="index == 2" class="tip">请确认密码长度大于 6 位</div>
        </div>
        <div class="subContainer">
            <input v-model="receiveMsg" class="form-check-input" type=
            "checkbox" id="checkbox" /><label class="form-check-label"
            for="checkbox">接收通知信息</label>
        </div>
        <div v-html="info" class="info"></div>
        <button @click="createAccount" class="btn btn-primary">开始创建
        </button>
    </div>
</div>
```

在<div v-for="(item, index) in fields">标签内，根据<span v-if="item.required">标签的条件，决定当前文本框的提示文本是否显示必填星号提示；根据<div v-if="index == 2">标签的条件，决定仅在最后一行文本框底部显示提示信息。

（2）在 JavaScript 脚本中创建 Vue.js 应用实例，并进行根节点标签绑定，在 data 选项中初始化需要创建的文本框信息。

```html
<script>
const App = {                          //应用配置信息
    data(){                            //初始化数据
        return{
            fields: [                  //创建的文本框设置信息
                                       //title 是标题，required 为是否必填
                {title: "用户名", required: true, type: "text", model: ""},
                {title: "邮箱地址", required: false, type: "text", model: ""},
                {title: "密码", required: true, type: "password", model: ""}
            ],                         //type 为表单控件类型，model 为文本框初始值
            receiveMsg: false,         //是否接收通知信息变量
            info: ""                   //通知信息变量
        }
    }
}
Vue.createApp(App).mount("#app")       //绑定应用到页面<div id="app">标签上
</script>
```

（3）在实例的 computed 选项中定义 3 个属性变量，分别用于获取 3 个文本框的值。

```
computed: {
    name: {                                    //用户姓名属性变量
        get(){return this.fields[0].model},    //获取用户输入的用户名
        set(value){this.fields[0].model = value}
    },
    email: {                                   //电子邮箱属性变量
        get(){return this.fields[1].model},    //获取用户输入的电子邮箱
        set(value){this.fields[1].model = value}
    },
    password: {                                //用户密码属性变量
        get(){return this.fields[2].model},    //获取用户输入的密码
        set(value){this.fields[2].model = value}
    }
},
```

（4）在实例的 methods 选项中定义两个方法，分别用于验证电子邮箱是否符合规范，以及当提交表单，即单击"开始创建"按钮时调用的函数，演示效果如图 6.24 所示。

```
methods: {
    emailCheck(){                              //电子邮箱格式验证函数
        var verify = /^\w[-\w.+]*@([A-Za-z0-9][-A-Za-z0-9]+\.)+[A-Za-z]
        {2,14}/;
        if(!verify.test(this.email)){return false}
        else{return true}
    },
    createAccount(){                           //当提交表单时，对输入信息进行验证并提示
        if(this.name.length == 0){this.info = "请输入用户名"; return}
        else if(this.email.length > 0 && !this.emailCheck(this.email)){
            this.info = "请输入正确的邮箱"; return}
        else if(this.password.length <= 6){this.info = "密码设置需要大于 6 位
        字符"; return}
        this.info = "<h1>注册成功!</h1>";
        this.info += '注册信息:<p style='color:blue'>name:${this.name}<br>
        password:${this.password}<br>email:${this.email}<br>receiveMsg:
        ${this.receiveMsg}</p>';
    }
}
```

图 6.24　注册成功演示效果

6.8　本　章　小　结

本章主要讲解了 Vue.js 绑定表单和样式，包括 3 个指令：v-model、:class 和:style。其中，v-model 指令能够实现表单控件与 Vue.js 实例之间的双向数据交互；同时，本章还介绍了输入型文本框、文本区域的绑定方法，以及选择型复选框、单选按钮、下拉菜单和列表框的绑定方法；最后介绍了如何为:class 和:style 指令绑定对象和数组。

6.9　课　后　习　题

一、填空题

1. 使用_____指令可以实现数据在表单控件与 Vue.js 实例之间的双向绑定。
2. v-model 指令包含 3 个修饰符：_____、_____和_____。
3. v-model 指令仅用于_____、_____、_____表单元素和_____上。
4. v-model 会忽略所有表单元素的_____、_____、_____属性的初始值。
5. :class 是_____的缩写，该指令能够动态绑定 HTML 的 class 属性。

二、判断题

1. Vue.js 使用 v-model 指令轻松解决网页元素与 JavaScript 变量双向绑定的难题。（　　　）
2. 双向数据绑定就是可以通过表单控件或 Vue.js 实例修改绑定数据的值。　（　　　）
3. 不管是"{{}}"语法，还是 v-text、v-html、v-bind 等指令，都是单向数据交互。（　　　）
4. 使用.lazy 修饰符可以在输入信息的过程中同步更新数据。　　　　（　　　）
5. 使用.number 修饰符可以将输入的任何字符串都转换为数字。　　（　　　）

三、选择题

1. 使用（　　　）修饰符可以自动过滤表单输入内容的首尾空格。
   A．.trim　　　　B．.number　　　C．.lazy　　　　D．.self
2. 如果要求用户输入大量信息应该使用（　　　）元素。
   A．input　　　　B．textarea　　　C．select　　　　D．option
3. 对于单选按钮组来说，v-model 指令绑定的变量将与（　　　）属性值保持同步。
   A．checked　　B．name　　　　C．value　　　　D．id
4. 如果多个复选框与布尔型变量相互绑定，则变量的值应该是（　　　）。
   A．数组　　　　B．布尔值　　　C．对象　　　　D．字符串
5. 如果多个复选框与数组型变量相互绑定，数组元素的值应该是（　　　）。
   A．数组　　　　B．布尔值　　　C．对象　　　　D．选中复选框的 value 值

四、简答题

1. 简单介绍一下什么是双向数据绑定。

2. 简单介绍一下:class 和:style 指令都可以绑定什么值。

五、编程题

1. 设计一个表单，包含文本框、复选框组、单选按钮组、下拉菜单，练习使用 v-model 指令为它们双向绑定数据，并把交互结果显示在页面中，类似效果如图 6.25 所示。

图 6.25　交互结果

2. 使用 Vue.js 的 v-model 指令设计一个简单的登录表单，类似效果如图 6.26 所示。要求当提交表单时把用户输入的信息输出到控制台。

图 6.26　登录表单

第 7 章 过渡和动画

【学习目标】

➘ 正确使用<Transition>组件。
➘ 正确使用<TransitionGroup>组件。

过渡和动画能够提升用户的使用体验，方便浏览者更好地观察界面变化的过程。Vue.js 提供了两个内置组件，用于实现基于状态变化的过渡动画。其中，<Transition>组件是在一个元素或组件进入或离开 DOM 时应用动画，<TransitionGroup>组件是在一个 v-for 列表中的元素或组件被插入、移动或移除时应用动画。

7.1 使用<Transition>组件

在下列情形中，可以使用<Transition>组件为对象添加进入或离开时的过渡效果。

（1）使用 v-if 指令实现条件渲染。
（2）使用 v-show 指令实现条件显隐。
（3）动态组件。
（4）组件根节点。

7.1.1 定义<Transition>组件

扫一扫，看视频

<Transition>是一个内置组件，可以在任意组件中使用。过渡动画可以由以下条件之一触发。

（1）由 v-if 指令触发的切换。
（2）由 v-show 指令触发的切换。
（3）由特殊元素<component>切换的动态组件。
（4）改变特殊的 key 属性。

> **拓展**
>
> Vue.js 提供多种方法应用过渡效果，简单说明如下：
> （1）在 CSS 过渡和动画中自动应用 class。
> （2）配合使用第三方 CSS 动画库，如 Animate.css。
> （3）在过渡钩子函数中使用 JavaScript 直接操作 DOM。
> （4）配合使用第三方 JavaScript 动画库，如 Velocity.js。

【示例】下面的示例借助<Transition>组件为下拉菜单定义一个渐隐渐显的动画效果。在浏览器中运行程序，单击"公司概况"标题栏，可以发现下拉面板逐渐隐藏消失，再次单击时会逐渐显示出来，演示效果如图 7.1 所示。

```
<style>
.v-enter-active, .v-leave-active{transition: opacity 1s ease;}
```

```
.v-enter-from, .v-leave-to{opacity: 0;}
</style>
<div id="app">
    <div class="dropdown">
        <button class="dropbtn" @click="show = !show">公司概况</button>
        <Transition>
            <div v-if="show" class="dropdown-content">
                <a href="#">关于我们</a>
                <a href="#">公司架构</a>
                <a href="#">公司团队</a>
            </div>
        </Transition>
    </div>
</div>
<script>
    Vue.createApp({                    //创建 Vue.js 应用
        data(){return{show: true}},    //初始化显隐状态变量
    }).mount('#app')                   //绑定应用到 HTML 标签上
</script>
```

（a）

（b）

图 7.1 渐隐渐显动画

在上面的示例中，首先使用<Transition>组件把需要应用过渡动画的元素包裹起来。然后自定义两组类样式，其中，v-enter-active 和 v-leave-active 类样式负责定义过渡控制的属性（opacity）、过渡时间（1s）、动画的类型（ease）；v-enter-from 和 v-leave-to 类样式负责定义元素的过渡属性在初始状态和结束状态下的值（opacity: 0）。

7.1.2 CSS 过渡类样式

扫一扫，看视频

一个过渡动画包括两个阶段：进入动画（Enter）和离开动画（Leave），每个阶段具体示意如图 7.2 所示。

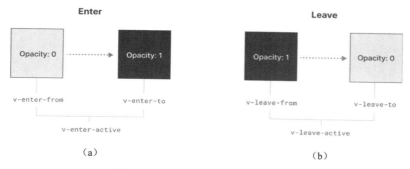

（a）　　　　　　　　　　　　　　　　（b）

图 7.2 过渡动画的时间点与时间段

（1）进入动画包括 v-enter-from 和 v-enter-to 两个时间点，以及 v-enter-active 一个时间段。

（2）离开动画包括 v-leave-from 和 v-leave-to 两个时间点，以及 v-leave-active 一个时间段。

在进入和离开的过渡中，Vue.js 提供了 6 个类样式用于动态切换。具体说明如下。

（1）v-enter-from：进入起始状态。在元素插入之前被添加，在元素插入完成后的下一帧被移除。

（2）v-enter-active：进入生效状态。在元素插入之前被添加，在过渡动画完成之后被移除。这个类样式可以定义进入动画的持续时间、延迟时间、动画类型。

（3）v-enter-to：进入结束状态。在元素插入完成后的下一帧被添加，在 v-enter-from 类样式被移除且过渡动画完成之后被移除。

（4）v-leave-from：离开起始状态。在离开过渡效果被触发时立即添加，在下一帧后被移除。

（5）v-leave-active：离开生效状态。在离开过渡效果被触发时立即添加，在过渡动画完成之后被移除。这个类样式可以定义离开动画的持续时间、延迟时间、动画类型。

（6）v-leave-to：离开结束状态。在离开动画被触发后的下一帧被添加，在 v-leave-from 被移除且过渡动画完成之后被移除。

<Transition>有一个 name 属性，通过它可以为过渡样式定义一个专有名称。例如，如果使用了<Transition name="my-transition">，那么 v-enter 会替换为 my-transition-enter。这样就可以区分每一个不同的过渡动画。如果没有设置 name 属性，则 v-作为默认前缀。

【**示例**】下面的示例在一个页面中设计两个下拉菜单。分别定义两个过渡效果，第 1 个是从右侧 200px 的位置开始，第 2 个是从下面 200px 的位置开始，演示效果如图 7.3 所示。

```
<style>
    .v-enter-active, .v-leave-active{transition: all 1s ease;}
    .v-enter-from, .v-leave-to{opacity: 0; transform:translateX(200px);}
    .my-transition-enter-active, .my-transition-leave-active{transition:
    all 1s ease;}
    .my-transition-enter-from, .my-transition-leave-to{opacity: 0;
    transform:translateY(200px);}
</style>
<div id="app">
    <div class="dropdown">
        <button class="dropbtn" @click="show = !show">公司概况</button>
        <Transition>
            <div v-if="show" class="dropdown-content">
                ...
            </div>
        </Transition>
    </div>
    <div class="dropdown">
        <button class="dropbtn" @click="show1 = !show1">公司概况</button>
        <Transition name="my-transition">
            <div v-if="show1" class="dropdown-content">
                ...
            </div>
        </Transition>
    </div>
```

```
    </div>
    <script>
        Vue.createApp({                                    //创建 Vue.js 应用
            data(){
                return{
                    show: true,                            //第 1 个动画控制变量
                    show1: true                            //第 2 个动画控制变量
                }
            },
        }).mount('#app')                                   //绑定应用到 HTML 标签上
    </script>
```

（a）

（b）

图 7.3　控制多个过渡动画

7.1.3　CSS 动画

　　CSS 动画与 CSS 过渡的应用方法基本相同。只有一点不同，即 v-enter-from 不是在元素插入后被立即移除，而是在一个 animationend 事件触发时被移除。

　　【示例】针对 7.1.1 小节中的示例，本示例使用 CSS 动画设计弹跳显示和消失的动画效果。在浏览器中运行程序，单击“公司概况”标题栏时，触发 CSS 动画，演示效果如图 7.4 所示。

```
<style>
.v-enter-active{animation: bounce-in 1s;}
.v-leave-active{animation: bounce-in 1s reverse;}
@keyframes bounce-in {
    0%{transform: scale(0);}
    50%{transform: scale(1.25);}
    100%{transform: scale(1);}
}
</style>
<div id="app">
    <div class="dropdown">
        <button class="dropbtn" @click="show = !show">公司概况</button>
        <Transition>
            <div v-if="show" class="dropdown-content">
                ...
            </div>
        </Transition>
    </div>
</div>
<script>
```

```
    Vue.createApp({                          //创建 Vue.js 应用
        data(){return{show: true}},          //初始化显隐状态变量
    }).mount('#app')                         //绑定应用到 HTML 标签上
</script>
```

（a）　　　　　　　　　　　　　　（b）

图 7.4　CSS 动画效果

扫一扫，看视频

7.1.4　自定义过渡类名

可以为<Transition>组件设置如下属性，分别自定义过渡类样式。

（1）enter-from-class。

（2）enter-active-class。

（3）enter-to-class。

（4）leave-from-class。

（5）leave-active-class。

（6）leave-to-class。

这些自定义类样式的优先级高于普通类样式，因此会覆盖相应阶段的默认类样式。这个功能可以实现在 Vue.js 动画机制下集成第三方 CSS 动画库，如 Animate.css。

【示例】以 7.1.3 小节中的示例为基础，本示例在<Transition>组件中使用 enter-active-class 和 leave-active-class 类，结合 Animate.css 动画库实现动画效果，演示效果如图 7.5 所示。

```
<link href="animate_4.1.1.min.css" rel="stylesheet" type="text/css">
<div id="app">
    <div class="dropdown">
        <button class="dropbtn" @click="show = !show">公司概况</button>
        <Transition enter-active-class="animate__animated animate__
        rubberBand"
            leave-active-class="animate__animated animate__tada">
            <div v-if="show" class="dropdown-content">
                ...
            </div>
        </Transition>
    </div>
</div>
<script>
    Vue.createApp({                          //创建 Vue.js 应用
        data(){return{show: true}},          //初始化显隐状态变量
    }).mount('#app')                         //绑定应用到 HTML 标签上
</script>
```

图 7.5　自定义过渡类名

扫一扫，看视频

7.1.5　设置动画类型和持续时间

<Transition>定义以下两个属性来设置动画类型和持续时间。

（1）type：设置动画类型，包含 transition 和 animation 两个值。

Vue.js 可以自动探测到当前动画的类型。在某些应用场景中，如果想要在同一个元素上同时使用两种动画类型，应该设置 type 属性。具体语法格式如下：

```
<Transition type="animation">...</Transition>
```

（2）duration：设置动画持续时间，以毫秒为单位。

在默认情况下，<Transition>组件通过监听过渡根元素上的第 1 个 transitionend 或 animationend 事件自动判断过渡何时结束。在嵌套的过渡中，会等待所有内部元素过渡完成。

为<Transition>组件设置 duration 属性，用于指定过渡的持续时间。总持续时间应该匹配延迟加上内部元素的过渡持续时间。具体语法格式如下：

```
<Transition :duration="550">...</Transition>
```

也可以设置为对象，分别指定进入和离开所需的时间。其中，enter 字段表示进入时间，leave 字段表示离开时间。具体语法格式如下：

```
<Transition :duration="{enter: 500, leave: 800}">...</Transition>
```

提示

过渡类样式仅能应用在<Transition>的直接子元素上。如果在嵌套的深层级的元素上触发过渡效果，需要使用 CSS 嵌套选择器。

【示例】在 7.1.4 小节中的示例的基础上分别为下拉菜单的外框添加 outer 类（<div v-if ="show" class="dropdown-content outer">），为菜单项目添加 inner 类（<a href="#" class="inner">）。然后在样式表中为嵌套的菜单项目也定义过渡动画样式（.nested-enter-active .inner, .nested-leave-active .inner），这样就可以设计同时呈现两种不同的过渡效果，演示效果如图 7.6 所示。

```
<style>
    .nested-enter-active, .nested-leave-active{transition: all 0.3s ease-
    in-out;}
    .nested-leave-active{transition-delay: 0.25s;} /*父元素的延迟离开*/
    .nested-enter-from, .nested-leave-to {transform: translateY(30px);
    opacity: 0;}
    /*使用嵌套选择器转换嵌套元素*/
    .nested-enter-active .inner, .nested-leave-active .inner {transition:
```

```
              all 0.3s ease-in-out;}
              /*嵌套元素的延迟进入*/ .nested-enter-active .inner{transition-delay:
              0.25s;}
              .nested-enter-from .inner, .nested-leave-to .inner{transform:
              translateX(30px);
                  /*兼容 Chrome 96 处理嵌套不透明度转换时的错误，其他浏览器不需要*/
                  opacity: 0.001;}
      </style>
      <div id="app">
          <div class="dropdown">
              <button class="dropbtn" @click="show = !show">公司概况</button>
              <Transition duration="550" name="nested">
                  <div v-if="show" class="dropdown-content outer">
                      <a href="#" class="inner">关于我们</a>
                      <a href="#" class="inner">公司架构</a>
                      <a href="#" class="inner">公司团队</a>
                  </div>
              </Transition>
          </div>
      </div>
      <script>
          Vue.createApp({                                //创建 Vue.js 应用
              data(){return{show: true,}},               //初始化显隐状态变量
          }).mount('#app')                                //绑定应用到 HTML 标签上
      </script>
```

（a）

（b）

图 7.6 设计嵌套的过渡动画效果

> **注意**
>
> 在设计嵌套动画时，要考虑性能问题。对于 CSS 的 opacity 过渡效果一般比较高效，但是对于
> height 或 margin 等属性会触发 CSS 布局重绘，因此执行此类动画效果的代价较高，需要谨慎使用。
> 用户可以在 CSS-Triggers 网站上查询哪些属性会在执行动画时触发 CSS 布局重绘。

7.1.6 JavaScript 钩子函数

在<Transition>组件中可以使用事件参数绑定 JavaScript 钩子函数。具体语法格式如下：

```
<Transition
      //在元素被插入 DOM 之前被调用，设置 enter-from 状态
```

```
     @before-enter="onBeforeEnter(el)"
     //在元素被插入 DOM 之后的下一帧被调用，开始进入动画
     @enter="onEnter(el, done)"              //调用回调函数 done，表示过渡结束，可选项
     @after-enter="onAfterEnter(el)"              //当进入过渡完成时调用
     @enter-cancelled="onEnterCancelled(el)"          //当进入过渡取消时调用
     @before-leave="onBeforeLeave(el)"   //在离开过渡之前调用，大多数时会用到
     //在离开过渡开始时调用，开始离开动画
     @leave="onLeave(el, done)"              //调用回调函数 done，表示过渡结束，可选项
     @after-leave="onAfterLeave(el)"          //在离开过渡完成且已从 DOM 中移除时调用
     @leave-cancelled="onLeaveCancelled(el)"          //当离开过渡取消时调用
>
</Transition>
```

这些钩子函数可以与 CSS 过渡或动画结合使用，也可以单独使用。在实例的 methods 选项中定义钩子函数的方法。

【示例】 下面使用 velocity.js 动画库结合钩子函数来实现一个简单示例。

```
<script src="velocity.js"></script>
<div id="app">
    <div class="dropdown">
        <button class="dropbtn" @click="show = !show">公司概况</button>
        <transition v-on:before-enter="beforeEnter"
                v-on:enter="enter" v-on:leave="leave" v-bind:css="false">
            <div v-if="show" class="dropdown-content">...</div>
        </Transition>
    </div>
</div>
<script>
    Vue.createApp({                              //创建 Vue.js 应用
        data(){return{show: false}},          //该函数返回数据对象
        methods: {
            beforeEnter: function(el){           //进入动画之前的样式
                                  //第 1 个参数 el 表示要执行动画的 DOM 元素
                el.style.opacity = 0;
                el.style.transformOrigin = 'left';
            },
            enter: function(el, done){           //进入时的动画
                Velocity(el,{opacity: 1, fontSize: '2em'},{duration: 300});
                Velocity(el, {fontSize: '1em'}, {complete: done});
            },
            leave: function(el, done) {          //离开时的动画
                Velocity(el,{translateX: '15px', rotateZ: '50deg'},
                {duration: 600});
                Velocity(el,{rotateZ: '100deg'},{loop: 5});
                Velocity(el, {
                    rotateZ: '45deg',
                    translateY: '30px',
                    translateX: '30px',
                    opacity: 0
                },{complete: done})
            }
        }
```

```
    })).mount('#app')                              //绑定应用到 HTML 标签上
</script>
```

在浏览器中运行程序，单击标题栏，进入到动画，演示效果如图 7.7（a）所示；再次单击，离开动画，演示效果如图 7.7（b）所示。

（a） （b）

图 7.7　使用 JavaScript 钩子函数设计过渡动画效果

本示例使用 velocity.js 库执行动画，也可以使用其他动画库，如 Anime.js、GreenSock 或 Motion One。

提示

在使用 JavaScript 动画时，建议设置:css="false"，让 Vue.js 跳过对 CSS 过渡的自动探测，一方面可以提高性能，另一方面可以防止 CSS 规则意外地干扰过渡效果。具体语法格式如下：

```
<Transition :css="false"></Transition>
```

设置:css="false"之后，对于@enter 和@leave 钩子函数来说，回调函数 done 就是必需的；否则，钩子函数将被同步调用，过渡将立即完成。

7.1.7　初始渲染时执行过渡

使用 appear 属性可以在初次渲染时应用一个过渡效果。具体语法格式如下：

```
<Transition appear></Transition>
```

也可以自定义 CSS 类名。具体语法格式如下：

```
<Transition appear
    appear-from-class="custom-appear-from-class"
    appear-to-class="custom-appear-to-class"
    appear-active-class="custom-appear-active-class"
></Transition>
```

注意

初始渲染是指页面在默认渲染的情况下的初始状态，即这个元素默认是显示的，如 v-if="show" 中 show 默认值为 true。如果默认是不显示的元素，设置 appear 后是无效的。

【示例】继续以 7.1.6 小节中的示例为基础，在下面的示例中设计当下拉菜单初始显示时，执行一次动画；向下弹性伸缩一次，然后当单击菜单标题时，再执行其他移动动画，演示效果如图 7.8 所示。

```
<style>
    .active{transition: all .3s ease-in-out;}
    .to{transform: translateY(7em);}
    .fuct-enter-from,
    .fuct-leave-to{transform: translateX(2em);}
    .fuct-enter-active, .fuct-leave-active{transition: all .5s ease-out;}
</style>
<div id="app">
    <div class="dropdown">
        <button class="dropbtn" @click="show = !show">公司概况</button>
        <Transition name="fuct" appear appear-active-class="active"
        appear-to-class="to">
            <div v-if="show" class="dropdown-content">...</div>
        </Transition>
    </div>
</div>
<script>
    Vue.createApp({                              //创建 Vue.js 应用
        data(){return{show: true}}              //该函数返回数据对象
    }).mount('#app')                             //绑定应用到 HTML 标签上
</script>
```

（a）初始向下移动 　　　　　　　　　　　　　　（b）单击时向右移动

图 7.8　设计初始渲染的过渡效果

appear 属性是对页面动画的一种补充，为在页面开始显示的元素提供一种更加平滑的显示效果。

提示

也可以通过自定义 JavaScript 钩子函数实现。具体语法格式如下：

```
<Transition
    appear
    v-on:before-appear="customBeforeAppearHook"
    v-on:appear="customAppearHook"
    v-on:after-appear="customAfterAppearHook"
    v-on:appear-cancelled="customAppearCancelledHook">
</Transition>
```

在上面的演示中，无论是使用 appear 属性，还是自定义 v-on:appear 钩子函数，都会生成初始渲染过渡。

7.1.8　多元素过渡

除了通过 v-if、v-show 切换一个元素外，也可以通过 v-if、v-else、v-else-if 在几个组件间进行切换，只需确保任一时刻只有一个元素被渲染即可。

【示例】下面的示例通过多条件渲染设计多个按钮对象以动画形式进行切换，演示效果如图 7.9 所示。

```
<style>
    .btn-container{position: relative;}
    button{position: absolute; width: 100%;}
    .slide-up-enter-active, .slide-up-leave-active{transition: all 0.25s
    ease-out;}
    .slide-up-enter-from{opacity: 0; transform: translateY(30px);}
    .slide-up-leave-to{opacity: 0; transform: translateY(-30px);}
</style>
<div id="app">
    <div class="btn-container">
        <Transition name="slide-up">
            <button v-if="docState === 'saved'" @click="docState =
            'edited'">编辑</button>
            <button v-else-if="docState ==='edited'"@click="docState=
            'editing'">保存</button>
            <button v-else-if="docState ==='editing'"@click="docState
            ='saved'">取消</button>
        </Transition>
    </div>
</div>
<script>
    Vue.createApp({                             //创建 Vue.js 应用
        data(){return {docState: 'saved'}}      //该函数返回数据对象
    }).mount('#app')                            //绑定应用到 HTML 标签上
</script>
```

（a）初始状态　　　　　　　　　　　（b）单击切换按钮

图 7.9　设计多个元素的过渡效果

 注意

当有相同标签名的元素切换时，需要通过 key 属性设置唯一的值来标记，以便让 Vue.js 区分它们；否则 Vue.js 为了效率只会替换相同标签内部的内容。具体语法格式如下：

```
<Transition name="slide-up">
```

```
    <button v-if="docState === 'saved'" @click="docState = 'edited'"
    key="edit">编辑</button>
    <button v-else-if="docState ==='edited'" @click="docState='editing'
    "key="save">保存</button>
    <button v-else-if="docState ==='editing'" @click="docState = 'saved'"
    key="cancel">取消</button>
</Transition>
```

7.1.9　设置过渡模式

扫一扫，看视频

在 7.1.8 小节的示例中，进入和离开的元素是同时开始执行动画的，为了避免同时执行出现的布局问题，可以设置执行顺序，如先执行离开动画，然后在其完成之后再执行进入动画。

使用 mode 属性可以设置进入和离开动画的执行顺序。具体语法格式如下：

```
<Transition mode="out-in"></Transition>
```

其中，mode 取值包括两个："out-in"表示先离开后进入，"in-out"表示先进入后离开。

【示例】针对 7.1.8 小节中的示例，为<Transition>设置 mode="out-in"模式，可以看到当前按钮先离开之后，下一个按钮才显示；反之，如果设置 mode="in-out"模式，则可以看到下一个按钮先进入，然后才执行当前按钮离开的动画。

```
<Transition name="slide-up" mode="out-in">
    <button v-if="docState === 'saved'" @click="docState = 'edited'"
    class="btn btn-primary">编辑</button>
    <button v-else-if="docState === 'edited'" @click="docState = 'editing'"
        class="btn btn-primary">保存</button>
    <button v-else-if="docState === 'editing'" @click="docState = 'saved'"
        class="btn btn-primary">取消</button>
</Transition>
```

📢 注意

<Transition>也可以作用于动态组件之间的切换。具体语法格式如下：

```
<Transition name="fade" mode="out-in">
    <component :is="activeComponent"></component>
</Transition>
```

🪓 拓展

Vue.js 支持动态过渡，允许<Transition>的属性动态控制，可以根据状态变化动态地应用不同类型的过渡。具体语法格式如下：

```
<Transition :name="transitionName"></Transition>
```

这样就可以提前定义多组 CSS 过渡动画类样式，然后在它们之间动态切换。

7.2 使用<TransitionGroup>组件

<TransitionGroup>可用于对 v-for 列表中的元素或组件的插入、移除和顺序改变添加动画效果。<TransitionGroup>与<Transition>拥有基本相同的属性集、CSS 过渡类样式和 JavaScript 钩子函数，但有以下区别。

（1）在默认情况下，<TransitionGroup>不会渲染一个容器元素。可以通过 tag 属性指定一个元素作为容器元素来渲染。

（2）过渡模式不可用，因此不能相互切换特有的元素。

（3）列表中的每个元素都必须有一个独一无二的 key 属性。

（4）CSS 过渡类样式会被应用在列表内的元素上，而不是容器元素上。

 注意

当在 DOM 内的模板中使用时，组件名需要写为<transition-group>。

扫一扫，看视频

7.2.1 定义<TransitionGroup>组件

【示例】下面直接通过一个示例来学习如何设计列表的进入和离开过渡效果。本示例使用<TransitionGroup>对一个 v-for 列表添加进入和离开动画。

```
<style>
    .list-enter-active, .list-leave-active{transition: all 1s;}
    .list-enter-from, .list-leave-to{opacity: 0; transform: translateX
    (30px);}
</style>
<div id="app">
    <ul>
        <transition-group name="list" tag="p">
            <li v-for="item in items" v-bind:key="item">{{item}}</li>
        </transition-group>
    </ul>
    <button v-on:click="add">在任意位置添加一项</button>
    <button v-on:click="remove" >移除任意位置上的一项</button>
</div>
<script>
    Vue.createApp({                                //创建 Vue.js 应用
        data(){                                    //该函数返回数据对象
            return{
                items: [1, 2, 3, 4, 5],            //列表数字
                nextNum: 10                        //添加的数字
            }
        },
        methods: {
            randomIndex: function(){return Math.floor(Math.random()*
```

```
            this.items.length)},
        add: function(){this.items.splice(this.randomIndex(), 0,
        this.nextNum++)},
        remove: function(){this.items.splice(this.randomIndex(), 1)}
        }
    }).mount('#app')                          //绑定应用到 HTML 标签上
</script>
```

　　在浏览器中运行程序，单击"在任意位置添加一项"按钮，向数组中添加数字列表选项，触发进入效果；单击"移除任意位置上的一项"按钮删除一个数字选项，触发离开效果，演示效果如图 7.10 所示。

（a）添加数字选项　　　　　　　　　　　　　　　　（b）删除数字选项

图 7.10　为列表渲染添加进入和离开动画

7.2.2　设计移动动画

扫一扫，看视频

　　<TransitionGroup>组件不仅可以定义进入和离开时的动画，也可以定义位置移动时的动画。只需添加 v-move 类样式，就会在元素改变定位的过程中应用。使用方法与之前的类名一样，可以通过 name 属性自定义前缀，也可以通过 move-class 属性手动设置。

　　【示例】在 7.2.1 小节的示例中，当添加和移除元素时，周围的元素会瞬间跳跃到新位置，而不是平滑地移动。在样式表中添加如下两个样式，其中第 1 个样式定义在删除列表项目时，也能够实现其他列表项目缓慢地滑动，而不是跳跃显示。

```
.list-leave-active{position: absolute;}
.list-move{transition: transform 1s;}
```

7.2.3　设计渐进延迟动画

扫一扫，看视频

　　【示例】下面通过一个过滤器的示例设计渐进延迟动画。

```
<script src="velocity.js"></script>
<div id="app">
    <input v-model="query">
    <transition-group name="list" tag="ul" v-bind:css="false" v-on:before-
    enter="beforeEnter" v-on:enter="enter" v-on:leave="leave">
        <li v-for="(item, index) in computedList" v-bind:key="item.msg"
        v-bind:data-index="index">{{item.msg}} </li>
```

```
            </transition-group>
    </div>
    <script>
        Vue.createApp({                              //创建 Vue.js 应用
            data(){                                  //该函数返回数据对象
                return{
                    query: '',
                    list: [{msg: 'data'},{msg: 'props'},{msg: 'computed'},
                    {msg: 'methods'},
                        {msg: 'watch'},{msg: 'emits'},{msg: 'expose'},]
                }
            },
            computed: {
                computedList: function(){
                    var vm = this
                    return this.list.filter(function(item){
                        return item.msg.toLowerCase().indexOf(vm.query
                        .toLowerCase())!== -1
                    })
                }
            },
            methods: {
                beforeEnter: function(el){
                    el.style.opacity = 0
                    el.style.height = 0
                },
                enter: function(el, done){
                    var delay = el.dataset.index * 150
                    setTimeout(function(){
                        Velocity(el,
                            {opacity: 1, height: '1.6em'},
                            {complete: done}
                        )
                    }, delay)
                },
                leave: function(el, done){
                    var delay = el.dataset.index * 150
                    setTimeout(function(){
                        Velocity(el,
                            {opacity: 0, height: 0},
                            {complete: done}
                        )
                    }, delay)
                }
            }
        }).mount('#app')                             //绑定应用到 HTML 标签上
    </script>
```

本示例基于 velocity.js 库定义一个动画演示。首先把每一个元素的索引渲染为该元素上的一个 data-index 属性。接着在 JavaScript 钩子函数中基于当前元素的 data-index 属性对该元素的进场动画添加一个延迟。在浏览器中运行程序，演示效果如图 7.11（a）所示；在输入框中输入 e，可以发现过滤掉了不带 e 的选项，如图 7.11（b）所示。

（a）过滤前　　　　　　　　　　　　　　　　　（b）过滤后

图 7.11　过滤数据动画

7.3　案　例　实　战

7.3.1　设计图片轮播动画

扫一扫，看视频

【案例】本案例制作一个简单的图片轮播动画。单击"前一张"按钮，可以动画播放前一张图片；单击"后一张"按钮，可以动画播放后一张图片，演示效果如图 7.12 所示。

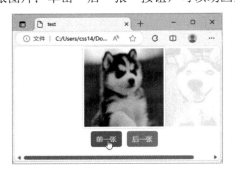 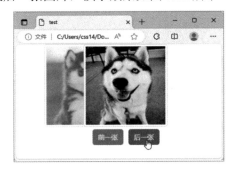

（a）单击"前一张"按钮　　　　　　　　　　　　（b）单击"后一张"按钮

图 7.12　图片轮播动画

案例具体代码如下：

```
<style>
    .next-image-enter-active, .next-image-leave-active,
    .prev-image-enter-active, .prev-image-leave-active {
        transition: 0.5s;
    }
    .next-image-enter, .next-image-leave-to,
    .prev-image-enter, .prev-image-leave-to {
        opacity: 0;
    }
    .next-image-enter, .prev-image-leave-to{transform: translateX(200px);}
```

```
            .next-image-leave-to, .prev-image-enter{transform: translateX(-200px);}
    </style>
    <div id="app">
        <div class="container">
            <transition:name="'${direction}-image'"><img class="image" :
            key="curIndex" :src="curImage" /> </transition>
            <div class="btns">
                <button @click="prev">前一张</button>
                <button @click="next">后一张</button>
            </div>
        </div>
    </div>
    <script>
        Vue.createApp({                                    //创建 Vue.js 应用
            data(){                                        //该函数返回数据对象
                return{
                    images: ["images/1.webp", "images/2.webp", "images/3.webp",
                        "images/4.webp", "images/5.webp",],
                    curIndex: 0,
                    direction: "next",
                }
            },
            computed: {
                curImage(){return this.images[this.curIndex];},
                maxIndex(){return this.images.length - 1;},
            },
            methods: {
                prev(){
                    this.curIndex--;
                    if(this.curIndex < 0){this.curIndex = 0;}
                    this.direction = "prev"
                },
                next(){
                    this.curIndex++;
                    if(this.curIndex > this.maxIndex){this.curIndex =
                    this.maxIndex;}
                    this.direction = "next";
                },
            },
        }).mount('#app')                                   //绑定应用到 HTML 标签上
    </script>
```

扫一扫，看视频

7.3.2 设计折叠面板动画

【案例】本案例制作一个手风琴折叠动画。单击面板标题栏，可以动画展开当前面板，再次单击将收起面板，动画采用模拟渐隐渐显，通过 CSS 的 opacity 属性控制实现，演示效果如图 7.13 所示。

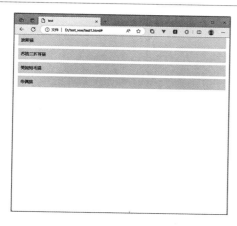

（a）收起面板 　　　　　　　　　　（b）单击展开面板

图 7.13　手风琴折叠面板动画

案例具体代码如下：

```
<style>
    /*元素开始进入的状态 | 元素离开结束的状态*/
    .run-enter-from,.run-leave-to{opacity: 0;}
    /*元素进入结束的状态 | 元素开始离开的状态。这里不写也可以*/
    .run-enter-to, .run-leave-from{opacity: 1;}
    .run-enter-active, .run-leave-active{     /*元素进入 | 结束时，过渡的效果*/
        transition: opacity 0.5s linear 0s; /*过渡动画时使用*/
    }
</style>
<div id="app">
    <div id="accordion">
        <div v-for="item in items" :key="item.id">
            <a href="#" @click="item.isshow = !item.isshow">
            {{item.title}}</a>
            <transition name="run">
                <div v-if="item.isshow">
                    <img :src="'images/' + item.content">
                </div>
            </transition>
        </div>
    </div>
</div>
<script>
    Vue.createApp({                          //创建 Vue.js 应用
        data(){                              //该函数返回数据对象
            return{
                items: [
                    {id:1,title:"波斯猫",content:"1.png",isshow:false},
                    {id:2,title:"苏格兰折耳猫",content:"2.png",isshow:false},
                    {id:3,title:"美国短毛猫",content:"3.png",isshow:false},
                    {id:4,title:"布偶猫",content:"4.png",isshow:false},
                ]
            }
        },
    }).mount('#app')                         //绑定应用到 HTML 标签上
</script>
```

7.3.3　设计侧边栏动画

【案例】在 6.7.5 小节中曾展示了侧边栏的样式设计，本案例继续以这个案例为基础，研究如何使用<Transition>组件为其添加动画效果。本案例使用 CSS 的 animation 属性来定义关键帧动画，实现侧边栏的滑出滑进效果，演示效果如图 7.14 所示。

（a）单击打开左侧边栏　　　　　　　　　　（b）单击关闭左侧边栏

图 7.14　设计侧边栏动画

案例具体代码如下：

```
<style>
    @keyframes leftMenu-dialog-fade-in {
        0%{transform: translate3d(-100%, 0, 0); opacity: 1;}
        100%{transform: translate3d(0, 0, 0); opacity: 1;}
    }
    @keyframes leftMenu-dialog-fade-out {
        0%{transform: translate3d(0, 0, 0); opacity: 1;}
        100%{transform: translate3d(-100%, 0, 0); opacity: 1;}
    }
    .leftMenu-enter{animation: leftMenu-dialog-fade-in 0.3s ease;}
    .leftMenu-leave{animation: leftMenu-dialog-fade-out 0.1s ease
    forwards;}
    .leftMenu-enter-active{animation: leftMenu-dialog-fade-in 0.3s ease;}
    .leftMenu-leave-active{animation: leftMenu-dialog-fade-out 0.1s ease
    forwards;}
</style>
<div id="app">
    <div id="main">
        <span @click="isShowLeftMenu=!isShowLeftMenu">&#9776; 打开左侧边栏
        </span>
    </div>
    <transition name="leftMenu">
        <div class="left-content" v-show="isShowLeftMenu">
            <a href="#" @click="isShowLeftMenu=!isShowLeftMenu"> &times; </a>
            ...
        </div>
    </transition>
</div>
<script>
    Vue.createApp({                                  //创建 Vue.js 应用
```

```
        data(){                                    //该函数返回数据对象
            return{isShowLeftMenu: false,}
        },
    }).mount('#app')                               //绑定应用到 HTML 标签上
</script>
```

7.4 本 章 小 结

本章主要讲解了 Vue.js 过渡和动画的设计方法，包括<Transition>组件和<TransitionGroup>组件，这两个组件运用一组特定名称的类样式实现动画效果。过渡和动画包含进入和离开两个阶段，分别表示元素显示和隐藏的过程，并为该过程应用特定的类样式来模拟动画效果。Vue.js 同时支持 CSS 第三方动画库，并为 JavaScript 脚本预留了钩子函数，以方便定制个性化动画。

7.5 课 后 习 题

一、填空题

1．使用＿＿＿＿＿＿组件可以在一个元素或组件进入或离开 DOM 时应用动画。
2．使用＿＿＿＿＿＿组件在一个 v-for 列表中的元素或组件被插入、移动或移除时应用动画。
3．一个 Vue.js 过渡动画包括两个阶段：＿＿＿＿＿＿和＿＿＿＿＿＿。
4．＿＿＿＿＿＿类样式可以定义进入起始状态，＿＿＿＿＿＿类样式可以定义进入结束状态。
5．＿＿＿＿＿＿和＿＿＿＿＿＿类样式可以定义进入和离开时动画的时间、类型等。

二、判断题

1．<Transition>组件只能定义过渡演示效果。   （   ）
2．在<Transition>组件中可以使用事件参数绑定 JavaScript 钩子函数。   （   ）
3．在使用 JavaScript 动画时，设置:css="false"可以跳过对 CSS 过渡的自动探测。（   ）
4．使用 appear 属性可以在初次渲染时应用一个过渡效果。   （   ）
5．使用 mode 属性可以设置进入和离开动画的执行顺序。   （   ）

三、选择题

1．（   ）的情形不可以使用<Transition>组件为对象添加过渡效果。
　　A．使用 v-if 指令　　　　　　　　　　B．使用 v-show 指令
　　C．使用 v-for 指令　　　　　　　　　　D．使用动态组件
2．（   ）类样式可以定义进入动画的持续时间、延迟、动画类型。
　　A．v-leave-active　　B．v-leave-from　　　C．v-enter-from　　D．v-enter-active
3．（   ）类样式可以定义离开动画结束后的状态。
　　A．v-leave-to　　　　B．v-leave-from　　　C．v-enter-from　　D．v-enter-to
4．<TransitionGroup>与<Transition>的相同点是（   ）。
　　A．<TransitionGroup>不会渲染一个容器元素

  B．过渡模式不可用

  C．列表中的每个元素都必须有一个独一无二的 key 属性

  D．拥有基本相同的属性集、CSS 过渡类样式和 JavaScript 钩子函数

5．当移除元素时，周围的元素会瞬间跳跃到新位置，使用（ ）类可以解决。

  A．v-leave-from B．v-leave-active   C．v-leave-to   D．v-move

四、简答题

1．简述在 Vue.js 中设计动画可以选用的工具。

2．简述触发<Transition>过渡动画的条件。

五、编程题

1．使用<Transition>组件设计一个可折叠面板，初始为隐藏，单击按钮可以展开或隐藏。

2．使用<TransitionGroup>组件设计一个列表排序，以及翻牌、洗牌的小动画，演示效果如图 7.15 所示。

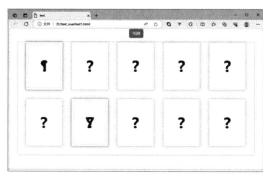
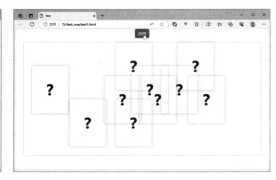

（a）   （b）

图 7.15 列表排序及翻牌、洗牌小动画

第8章　使 用 组 件

   ➘ 能够正确注册组件。

   ➘ 掌握在组件内外传递数据的方法。

   ➘ 灵活使用插槽。

组件是 Vue.js 最核心的功能之一，它是 HTML、CSS、JavaScript 等代码的一个容器，封装性和隔离性都非常强，可以扩展 HTML 标签。通过组件可以将页面拆分成一个个可复用的小组件，使用很多独立、可复用的小组件构建应用程序，整个应用界面就可以抽象为一个组件树，类似于 DOM 树形结构。这样有利于代码维护，也能设计更科学、更完善的代码结构。

8.1　认 识 组 件

1. 从 HTML 结构分析

一般情况下，HTML 页面都会包含 header、body、footer 等组成部分。同一个应用中的多个页面可能拥有相同的部分，或者仅是 body 部分显示的内容不同。因此，可以将重复出现的页面元素独立设计成一个个组件，示意如图 8.1 所示。这些组件就是自定义的 HTML 标签。当需要时在 Vue.js 模板中以 HTML 标签的方式引用即可，组件名就是标签名。

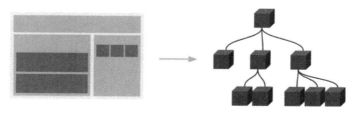

图 8.1　页面与组件

在 Vue.js 中可以根据一个文件中包含组件的个数分为单文件组件和非单文件组件。在日常开发中最常用的是单文件组件，就是将具有某种功能的组件独立放进一个扩展名为.vue 的文件中，使用时导入组件，这种模块化开发方式可以使程序更好地实现高内聚、低耦合。

2. 从 JavaScript 脚本分析

在 Vue.js 中，组件是一个很抽象的概念，它表示一个可以复用的 Vue.js 实例，与前面小节中经常见到的 Vue.createApp()创建实例函数接收相同的选项，如 data、methods、computed、watch 及生命周期函数等。

在应用程序开发中，如果把所有的 Vue.js 实例都写在一起，必然会导致代码既长又不好理解。组件解决了这个问题，它是带有名字的可复用实例，不仅可以重复使用，而且可以扩展。

组件可以将一些相似的业务逻辑进行封装，重复使用一些代码，从而达到简化代码的目的。另外，Vue.js 3.0 新增了组合式 API（Application Programming Interface，应用程序编程接口），它是一组附加的、基于函数的 API，允许灵活地组合组件逻辑。

3．基本用法

使用组件的一般步骤如下：

（1）定义组件，创建组件实例。

（2）注册组件，不然 Vue.js 无法识别。注册方法包括以下两种。

1）全局组件：component(组件名，组件实例)。

2）局部组件：components:{组件实例…}。

（3）在 Vue.js 模板中使用组件标签。

1）双标签语法：

```
<组件名></组件名>
```

2）单标签语法：

```
<组件名/>
```

当为组件命名时，需要使用多个单词的组合，如 test-item、test-list。这是为了避免自定义组件的名称与现有 Vue.js 内置组件重名，以及可能与 HTML 标签名相冲突，因为 Vue.js 内置组件不需要使用单词组合，同时所有 HTML 标签的名称都是单个单词。

8.2　注　册　组　件

8.2.1　全局注册组件

全局注册组件可以使用 Vue.js 实例的 component()方法。具体语法格式如下：

```
app.component("组件名称", {})
```

app 表示一个 Vue.js 实例。第 1 个参数表示组件的名称，第 2 个参数是一个选项对象。该组件在当前 Vue 应用中全局可用。

 注意

（1）Vue.js 实例的大多数选项都可以在组件里使用。

（2）组件模板必须是单个根元素。

（3）组件模板的内容可以是模板字符串。

组件最后会被解析成自定义的 HTML 代码，因此可以直接在 HTML 中使用组件名称作为标签来使用。

【示例 1】 下面的示例全局注册一个组件（my-component）。在 template 选项中定义组件的模板；在 data 选项中定义组件的数据。在根节点下以自定义标签的方式使用组件，用法与 HTML 标签的用法相同。在浏览器中运行程序，演示效果如图 8.2 所示。

```
<div id="app">
    <my-component></my-component>        <!--使用 my-component 组件-->
```

```
</div>
<script>
    const vm = Vue.createApp({});          //创建一个应用程序实例
    vm.component('my-component', {         //全局注册组件，组件名称为'my-component'
        data(){
            return{message: "自定义 Vue.js 组件"}
        },
        template: '<div><h1>{{message}}</h1></div>'
    });
    vm.mount('#app');                       //在 DOM 元素上挂载应用程序实例
</script>
```

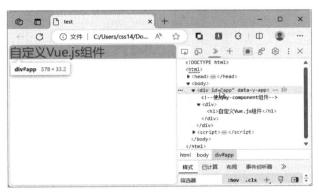

图 8.2　全局注册组件

从控制台中可以看到，自定义的组件已经被解析成了 HTML 元素。

注意

当采用驼峰命名法命名组件时，如 myComponent，在模板中使用组件时，需要将大写字母改为小写字母，同时两个字母之间需要使用 "-" 进行连接，如<my-component>。

【示例 2】下面的示例全局注册两个组件（my-component 和 sub-component），通过嵌套的方式把组件 sub-component 应用到 my-component 组件中，形成组件嵌套，演示效果如图 8.3 所示。

```
<div id="app">
    <my-component></my-component>                    <!--使用 my-component 组件-->
</div>
<script>
    const vm = Vue.createApp({});               //创建一个应用程序实例
    vm.component('my-component', {
        data(){
            return{message: "组件标题"}
        },
        template: '<div class="card"><h5 class="card-title">{{message}}
        </h5><sub-component class=""></sub-component></div>'
    });
    vm.component('sub-component', {
        data(){
            return{message: "嵌套的子组件"}
        },
```

```
        template: '<div class="card-body">{{message}}</div>'
    });
    vm.mount('#app');                        //在 DOM 元素上挂载应用程序实例
</script>
```

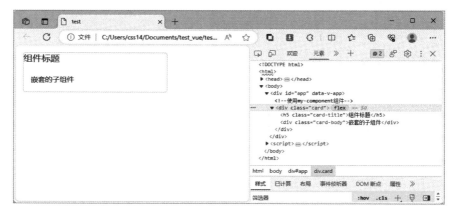

图 8.3 全局注册嵌套组件

8.2.2 局部注册组件

局部注册组件只能在一个 Vue.js 实例中使用。通过使用 components 选项注册实现，注册的组件仅在当前实例作用域下可用。

【示例】下面的示例局部注册一个组件（button-counter），并直接在当前 Vue.js 实例中应用该组件。在浏览器中运行程序，单击"点击递减"按钮将会逐步递减数字，演示效果如图 8.4 所示。

```
<div id="app">
    <button-counter></button-counter>
</div>
<script>
    Vue.createApp({                          //创建 Vue.js 应用
        components: {
            ButtonCounter: {
                data(){
                    return{num: 1000}
                },
                template: '<button v-on:click="num--" class="btn btn-primary">
                    点击递减：{{num}} </button>'
            }
        }
    }).mount('#app')                         //绑定应用到 HTML 标签上
</script>
```

（a）　　　　　　　　　　　　　　　　　（b）

图 8.4 局部注册组件

162

8.3　向组件内部传递数据

组件就是 HTML 自定义标签，可以包括属性和内容。向组件内部传递数据有两种方法：在组件内部使用 prop 属性可以接收标签的属性值，通过插槽可以接收标签包含的内容。

扫一扫，看视频

8.3.1　使用 prop 属性

组件最后会被渲染为一个虚拟的 DOM，拥有独立的作用域，因此不能直接在组件内外进行数据传递，一般可使用 prop 属性间接实现。

实现方法：①先在组件的 props 选项中注册 prop 属性，props 的值一般为一个数组，也可以为一个对象直接量（参考 8.3.3 小节内容），数组元素为字符串表示的 prop 属性名；②注册之后，组件内部就可以访问这些 prop 属性；③如果需要向组件内部传递数据，只需在使用组件标签时把这些注册的 prop 属性作为标签的自定义属性，设置的属性值会被传递给组件内部。

【示例 1】下面的示例首先在组件的 props 选项中注册 prop 属性 myTitle，然后在组件模板中读取 prop 属性值。在组件标签<my-head>中设置 my-title 属性值，并向组件 my-head 内部传递一个值，最后显示在组件自己的模板中，演示效果如图 8.5 所示。

```
<div id="app">
    <my-head my-title="我的标题"></my-head>
</div>
<script>
    const vm = Vue.createApp({});//创建一个应用程序实例
    vm.component('my-head', {        //注册全局组件
        props: ['myTitle'],          //注册属性，my-title 类似于 data 定义的数据属性
        template: '<h1 class="alert alert-info">{{myTitle}}</h1>',
        created(){                    //在组件实例中访问 prop 属性
            console.log(this.myTitle);
        }
    });
    vm.mount('#app');                //绑定应用到 HTML 标签上
</script>
```

图 8.5　使用 prop 属性向组件传递数据

提示

HTML 属性名不区分大小写，一般浏览器会把所有大写字母解释为小写字母，因此在模板中需要把用驼峰法命名（如 myTitle）的 prop 名称替换为用连字符法命名的标签属性（如 my-title）。

【示例 2】示例 1 使用 prop 属性向组件内部传递一个静态值。下面使用 v-bind 指令把实

例变量绑定到 my-title 属性上，实现把父组件的实例数据动态传递给子组件内部，演示效果如图 8.6 所示。

```
<div id="app">
    <my-head :my-title="title"></my-head>
</div>
<script>
    const vm = Vue.createApp({        //创建一个应用程序实例
        data(){                       //定义本地的动态数据
            return{title: "我的动态标题"}
        }
    });
    vm.component('my-head',{          //注册全局组件
        props: ['myTitle'],          //注册属性, my-title 类似于 data 定义的数据属性
        template: '<h1 class="alert alert-info">{{myTitle}}</h1>',
        created(){                    //在组件实例中访问 prop 属性
            console.log(this.myTitle);
        }
    });
    vm.mount('#app');                 //绑定应用到 HTML 标签上
</script>
```

图 8.6　使用 prop 属性向组件传递动态数据

【示例 3】下面的示例设计一个商品展示的组件，在 props 选项中注册 3 个 prop 属性，然后在模板中访问它们。最后在组件标签中设置 3 个自定义属性，动态绑定实例数据，从而实现数据的批量传递，演示效果如图 8.7 所示。

```
<div id="app">
    <my-item :name="name" :price="price" :num="num"></my-item>
</div>
<script>
    const vm = Vue.createApp({                //创建一个应用程序实例
        data(){                               //该函数返回数据对象
            return{
                name: "HUAWEI Mate 60 Pro+ 16GB+1TB 砚黑",
                price: "9999.00",
                num: "3"
            }
        }
    });
    vm.component('my-item', {
        props: ['name', "price", "num"],     //注册 3 个属性
        template:'<dl><dt>{{name}}</dt><dd>¥{{price}}/部</dd><dd>{{num}}部
        </dd></dl> ',
    });
    vm.mount('#app');                         //绑定应用到 HTML 标签上
</script>
```

图 8.7　传递多个值

8.3.2　修改 prop 属性

prop 属性传递数据都是单向的，即只能从父组件向下传递给子组件，反之则不行。这样可以防止在子组件中修改父组件的数据。当父组件的数据发生变化时，子组件中所有的 prop 属性都会显示为最新的值。因此，用户不应该在子组件内改变 prop 属性，否则 Vue.js 会在控制台中发出警告。如果需要改变组件的 prop 属性值，可以采用以下两种方法。

（1）在组件实例中定义 data 选项，把 prop 属性作为初始值，只操作 data 数据。

【示例 1】以 8.3.1 小节中的示例 1 为例，在自定义组件的 data 选项中定义一个 title，然后修改 prop 属性 myTitle 的值。这样只需在模板中使用实例变量 title 即可，演示效果如图 8.8 所示。

```
<div id="app">
    <my-head my-title="我的标题"></my-head>
</div>
<script>
    const vm = Vue.createApp({});            //创建一个应用程序实例
    vm.component('my-head', {
        data(){
            return{                          //修改 prop 属性 myTitle 的值
                title: "my-head 组件" + this.myTitle.slice(1)
            }
        },
        props: ['myTitle'],                  //注册 prop 属性
        template: '<h1 class="alert alert-info">{{title}}</h1>',
                                             //在模板中使用本地属性
    });
    vm.mount('#app');                        //绑定应用到 HTML 标签上
</script>
```

图 8.8　使用修改后的 prop 属性值

（2）使用计算属性解决 prop 属性修改问题。

【示例 2】以示例 1 为例，把 data 选项改为 computed 选项，后续访问计算属性 title 即可。

```
<div id="app">
    <my-head my-title="我的标题"></my-head>
```

```
    </div>
    <script>
        const vm = Vue.createApp({});          //创建一个应用程序实例
        vm.component('my-head', {
            computed:{
                title(){                       //定义计算属性，返回修改后的 prop 属性值
                return "my-head 组件" + this.myTitle.slice(1)
                }
            },
            props: ['myTitle'],                //注册 prop 属性
            template: '<h1 class="alert alert-info">{{title}}</h1>',
                                               //在模板中使用本地属性
        });
        vm.mount('#app');                      //绑定应用到 HTML 标签上
    </script>
```

 注意

　　JavaScript 对象和数组是通过引用进行传递的，所以对于一个数组或对象类型的 prop 属性来说，在子组件中改变这个对象或数组本身将会影响到父组件的状态。

扫一扫，看视频

8.3.3　验证 prop 属性

　　Vue.js 支持 prop 属性验证，在定义 props 选项时，使用一个带验证设置的对象代替之前使用的字符串数组。具体语法格式如下：

```
props: {
    属性名：构造类型,
    ...
}
```

　　prop 属性以对象形式定义，名和值分别是 prop 的名称和类型。如果值为 null 或 undefined，则会跳过任何类型检查。构造类型包括以下几种。

　　（1）String：字符串类型。

　　（2）Number：数值类型。

　　（3）Boolean：布尔值类型。

　　（4）Array：数组类型。

　　（5）Object：对象类型。

　　（6）Date：日期类型。

　　（7）Function：函数类型。

　　（8）Symbol：唯一值类型。

　　为组件 prop 指定验证设置后，如果父组件传递的值不符合要求，则 Vue.js 会在浏览器控制台中发出警告。

　　【示例】下面的示例设置 price 和 num 为 Number 类型，但是传递的值为字符串类型，虽然程序能够正常运行，但是 Vue.js 在控制台提示警告信息，演示效果如图 8.9 所示。

```
<div id="app">
    <my-item :name="name" :price="price" :num="num"></my-item>
</div>
```

```
<script>
    const vm = Vue.createApp({
        data(){
            return {                                //给 prop 属性传值
                name: "HUAWEI Mate 60 Pro+ 16GB+1TB 砚黑",
                price: "9999.00",
                num: "3"
            }
        }
    });
    vm.component('my-item', {
        props: {                                    //在注册 prop 时，设置属性的类型
            name: String,                           //字符串类型
            price: Number,                          //数值类型
            num: Number                             //数值类型
        },
        template: '<h1 class="alert alert-info">{{num}}部{{name}}合计为:
        {{price*num}}</h1>',
    });
    vm.mount('#app');
</script>
```

图 8.9　提示警告信息

提示

Vue.js 提供的 prop 验证形式有多种，简单说明如下。

（1）基础类型检查。

```
propName: Number
```

（2）多种类型检查。多个类型放在数组中设置。

```
propName: [String, Number]
```

（3）使用 type 选项定义类型，使用 required 选项定义必须传递，取值为布尔值。

```
propName: {
    type: String,
    required: true
}
```

（4）使用 type 选项定义类型，使用 default 选项设置默认值。

```
propName: {
    type: Number,
    default: 100
}
```

（5）设置对象类型的默认值。对象或数组的默认值必须使用工厂函数返回，工厂函数的参数为组件的原始 props。

```
propName: {
    type: Object,
    default(rawProps){
        return{message: 'hello'}
    }
}
```

（6）设置函数类型的默认值。

```
propName: {
    type: Function,
    default(){
        return 'Default function'
    }
}
```

（7）自定义类型校验函数。

```
propName: {
    validator(value) {
        return ['success', 'warning', 'danger'].includes(value)
    }
}
```

（8）type 为自定义构造函数。将通过 instanceof 运算符进行验证，确保 propName 的值通过 new Custom()创建。

```
function Custom(name){
    this.name = name
}
propName: Custom
```

扫一扫，看视频

8.3.4　传递非 prop 属性值

组件可以接收任意 HTML 属性，这些外部 HTML 属性会被添加到组件的根元素上。

【示例 1】在下面的示例中，子组件 my-item 被应用到根标签<div id="app">中时，会把<my-item>标签中设置的 class="alert alert-info"属性传递给<h1>标签，演示效果如图 8.10 所示。

```
<div id="app">
    <my-item class="alert alert-info"></my-item>
</div>
<script>
    const vm = Vue.createApp({});
    vm.component('my-item', {
```

```
            data(){
                return{name: "传递非 prop 值",}
            },
            template: '<h1>{{name}}</h1>',
        });
        vm.mount('#app');
</script>
```

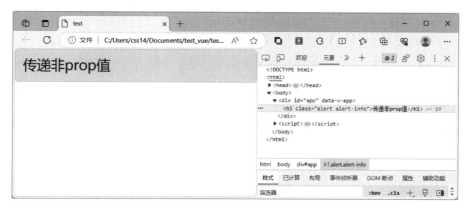

图 8.10　传递非 prop 属性值

从上面的示例可以看出，my-item 组件没有定义任何 prop，根元素是<h1>，在 DOM 模板中使用<my-item>元素时设置了 class 属性，这个属性将被添加到 my-item 组件的根元素<h1>上，渲染结果为<h1 class="alert alert-info">。如果在 my-item 组件的模板中也使用了 class 属性，在这种情况下，两个 class 属性的值会被合并。

📢**注意**

只有 class 和 style 属性的值会合并，对于其他属性而言，从外部提供给组件的值会替换掉组件内设置好的值。

【示例 2】如果不希望组件的根元素继承外部设置的属性，可以在组件的选项中设置 inheritAttrs:false。例如，针对示例 1，在子组件中添加 inheritAttrs:false 设置项。

```
vm.component('my-item', {
    data(){
        return{name: "传递非 prop 值",}
    },
    template: '<h1>{{name}}</h1>',
    inheritAttrs:false                          //禁止传递非 prop 属性值
});
```

再次运行项目，可以发现子组件并没有继承父组件传递的 class="alert alert-info"。

8.4　向组件外部传递数据

父组件通过 prop 属性向子组件传递数据，而子组件可以通过自定义事件参数向外传递数据。

8.4.1 使用自定义事件

Vue.js 支持自定义事件，在子组件中使用$emit()方法触发自定义事件，在父组件中使用 v-on 指令监听子组件的自定义事件。$emit()方法的语法格式如下：

```
vm.$emit(customEvent, [...args])
```

其中，vm 表示 Vue.js 组件实例；customEvent 表示自定义事件的名称；args 表示附加参数。使用 args 参数可以向父组件传递数据，args 会被传递给父组件的事件回调函数。

【示例 1】下面的示例设计让子组件向父组件传递一条数据。定义组件 my-item，设计组件的按钮接收到 click 事件后，调用$emit()方法触发一个自定义事件 my-event。在父组件中应用子组件 my-item 时，使用 v-on 指令监听自定义事件 my-event。

```
<div id="app">
    <my-item @my-event="fn"></my-item>
</div>
<script>
    const vm = Vue.createApp({
        methods: {
            fn(info){console.log(info)},           //接收子组件传递的数据
        },
    });
    vm.component('my-item', {                       //注册子组件
        data(){                                     //在子组件实例中定义本地数据
            return{name: "来自子组件的数据",}
        },
        methods: {
            fn(){                                   //调用$emit()方法触发自定义事件并传递数据
                this.$emit("my-event", this.name)
            },
        },
        template: '<button v-on:click="fn">点击测试</button>',
    });
    vm.mount('#app');
</script>
```

在浏览器中运行程序，单击"点击测试"按钮，将在控制台中显示子组件传递的数据，演示效果如图 8.11 所示。

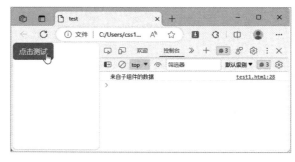

图 8.11　在控制台显示子组件传递的数据

【示例 2】 下面的示例让子组件向父组件传递更多数据。

```
<div id="app">
    <parent></parent>
</div>
<script>
    const vm = Vue.createApp({});      //创建一个应用程序实例
    vm.component('child', {            //注册子组件
        data: function(){
            return {
                info: {                //子组件包含的多条数据
                    name: "HUAWEI Mate 60 Pro+ 16GB+1TB 砚黑",
                    price: "9999.00",
                    num: "3"
                }
            }
        },
        methods: {
            fn(){                      //调用$emit()方法触发自定义事件并传递info
                this.$emit("my-event", this.info)
            },
        },
        template: '<button v-on:click="fn">显示子组件的数据</button>'
    });
    vm.component('parent', {           //注册父组件
        data: function(){
            return{                    //父组件的本地变量
                info: {},              //准备接收子组件传递的数据
                show: false            //初始隐藏数据列表
            }
        },
        methods: {
            fn(info){
                this.info = info;      //接收子组件传递的数据
                this.show = true       //控制显示子组件的数据
            }
        },
        template: '                    //定义父组件的模板，列表显示子组件的数据
        <div>
            <child v-on:my-event="fn"></child>
            <ul v-if="show" class="list-group">
                <li v-for="val, key  in info" class="list-group-item">
                {{key}}: {{val}}</li>
            </ul>
        </div> '
    });
    vm.mount('#app');                  //在指定 DOM 元素上装载应用程序实例根组件
</script>
```

在浏览器中运行程序，单击"显示子组件的数据"按钮，将在页面中显示子组件传递过来的数据列表，演示效果如图 8.12 所示。

(a)

(b)

图 8.12　在页面显示子组件的数据列表

扫一扫，看视频

8.4.2　双向绑定 prop 属性

在某些情况下，可能需要对一个 prop 属性进行双向绑定。但是双向绑定会带来维护问题，因为子组件可以变更父组件，并且父组件和子组件都没有明显的变更来源。Vue.js 推荐以 update:myPropName 模式触发自定义事件来实现。

【示例 1】本示例在子组件中有一个 prop 属性 value，在按钮的 click 事件回调函数中通过调用$emit()方法触发 update:value 事件，并将递加后的值作为事件的附加参数。在父组件中使用 v-on 指令监听 update:value 事件，这样就可以接收到子组件传来的数据，然后再使用 v-bind 指令绑定子组件的 prop 属性 value，就可以给子组件传递父组件的数据，这样就实现了双向数据绑定。其中，$event 是自定义事件的默认参数。

```
<div id="app">
    <p>父组件变量={{counter}}</p>
    <child v-bind:value="counter" v-on:update:value="counter=$event"></child>
</div>
<script>
    const vm = Vue.createApp({            //创建一个应用程序实例
        data(){
            return{counter: 0}            //初始父组件变量 counter 为 0
        }
    });
    vm.component('child', {               //注册子组件
        data: function(){
            return{count: this.value}     //初始子组件变量 count 为 prop 属性 value
        },
        props: {
            value: {                      //定义 prop 属性 value，初始值为 0，数值类型
                type: Number,
                default: 0
            }
        },
        methods: {                        //事件回调函数，递增 count 值，并更新父组件
            fn(){this.$emit("update:value", ++this.count)},
        },
        template: '
        <div>
            <p>子组件变量={{value}}</p>
            <button v-on:click="fn">递增子组件变量的值</button>
        </div> '
    });
```

```
    vm.mount('#app');                              //在指定的 DOM 元素上装载应用程序实例
</script>
```

在浏览器中运行程序，单击 5 次"递增子组件变量的值"按钮，可以看到父组件变量和子组件变量是同步变化的，演示效果如图 8.13 所示。

图 8.13　同步更新父组件和子组件的数据

【示例 2】Vue.js 2 为 prop 属性的双向绑定提供了一个.sync 修饰符，方便快速开发。Vue.js 3 移除了.sync 修饰符，使用 v-model 指令代替。以示例 1 为例，修改<child>的代码，通过 v-model:value="counter"代码把本地变量 counter 与自定义事件 update:value 绑定在一起，演示效果与示例 1 相同。

```
<div id="app">
    <p>父组件变量={{counter}}</p>
    <child v-model:value="counter"></child>
</div>
```

8.5　插　　槽

插槽类似于占位符，可以实现在组件中预留显示位置，以便在组件被应用时，将内容动态地插入到预留位置上。Vue.js 插槽包括 3 种形式：默认插槽、具名插槽和作用域插槽。

扫一扫，看视频

8.5.1　定义默认插槽

默认插槽是最常用的一种插槽形式，当组件没有具名插槽时，所有内容都会被插入默认插槽中。默认插槽的语法格式如下：

```
<父组件>
    <子组件>插槽内容</子组件>                       <!--插槽入口-->
</父组件>
<子组件>
    <slot></slot>                              <!--插槽出口-->
</子组件>
```

slot 是插槽标识元素，标识了父组件提供的内容将渲染的位置。

【示例 1】下面的示例定义一个默认插槽，然后在父组件中调用子组件，并把内容传递给子组件，传递的内容将占用<slot>标签标识的位置，演示效果如图 8.14 所示。

```
<div id="app">
    <child>插槽内容</child>
</div>
<script>
```

```
    const vm = Vue.createApp({});          //创建一个应用程序实例
    vm.component('child', {
        template: '<slot></slot>'
    });
    vm.mount('#app');                       //在指定 DOM 元素上装载应用实例
</script>
```

图 8.14 使用默认插槽

<slot>元素可以包含默认内容，默认内容在父组件没有传递内容时被渲染。

【示例 2】以示例 1 为例，在<slot>标签中包含默认内容，同时在父组件中调用<child>时不传递任何内容，演示效果如图 8.15 所示。

```
<div id="app">
    <child></child>
</div>
<script>
    const vm = Vue.createApp({});          //创建一个应用程序实例
    vm.component('child', {
        template: '<slot>插槽的默认内容</slot>'
    });
    vm.mount('#app');                       //在指定 DOM 元素上装载应用实例
</script>
```

图 8.15 设置插槽的默认内容

8.5.2 定义具名插槽

具名插槽是指在组件中为插槽定义名称，这样可以根据名称将不同的内容插入不同的插

槽位置。具名插槽的语法格式如下:

```
<父组件>
    <子组件>
        <template v-slot:插槽名称>插槽内容</template>
    </子组件>
</父组件>
<子组件>
    <slot name="插槽名称"></slot>                    <!--插槽出口-->
</子组件>
```

在<slot>标签中使用 name 属性定义插槽的名称,然后在父组件中通过 v-slot 指令把要插入的内容与具名插槽绑定在一起。

提示

v-slot 指令可以简写为 "#"。例如,<template v-slot:header>可以简写为<template #header>。

【示例】下面的示例注册一个子组件 child,包含 3 个插槽:<slot name="header">、<slot name="main">和<slot name="footer">,为了方便识别,分别命名为 header、main 和 footer。在应用组件时通过<template #header>、<template #main>和<template #footer>标签进行绑定,并在其中包含要传递的内容,演示效果如图 8.16 所示。

```
<div id="app">
    <child>
        <template #header>
            <h1>标题栏</h1>
        </template>
        <template #main>
            <h2>文章标题</h2>
            <p>文章具体内容......</p>
        </template>
        <template #footer>
            <p>版权栏</p>
        </template>
    </child>
</div>
<script>
    const vm = Vue.createApp({});              //创建一个应用程序实例
    vm.component('child', {                    //注册子组件
        template: '
            <div class="container">
                <header>
                    <slot name="header"></slot>
                </header>
                <main>
                    <slot name="main"></slot>
                </main>
                <footer>
                    <slot name="footer"></slot>
                </footer>
```

```
            </div>'
        });
        vm.mount('#app');                          //在指定 DOM 元素上装载应用实例
</script>
```

图 8.16　使用具名插槽

 提示

没有设置 name 属性的<slot>标签有默认的名字，即 default。通过具名插槽，可以不用考虑<slot>标签在组件模板中的位置。

8.5.3　定义作用域插槽

作用域插槽允许将组件内部的数据传递给插入组件中的内容。具体语法格式如下：

```
<父组件>
    <子组件>
        <template v-slot="接收变量"> {{接收变量}} </template>
    </子组件>
</父组件>
<子组件>
    <slot 自定义属性名="要传递的数据"></slot>          <!--插槽出口-->
</子组件>
```

在<slot>标签中可以使用标签属性将组件内部的数据传递给插槽内容，在插槽内容中通过"{{}}"语法可以使用作用域插槽的变量。

【示例 1】下面的示例通过为<slot>标签设置 3 个属性：a、b 和 c，实现向插槽内容传入 3 个值，演示效果如图 8.17 所示。

```
<div id="app">
    <child>
        <template v-slot="info"> {{info.a}} {{info.b}} {{info.c}}
        </template>
    </child>
</div>
<script>
    const vm = Vue.createApp({});                  //创建一个应用程序实例
    vm.component('child', {
        template: '<slot a="字符串" b=1 c=true></slot>'
    });
    vm.mount('#app');                              //在 DOM 元素上装载应用实例
</script>
```

图 8.17　使用作用域插槽

在父级作用域中，插槽内容无法访问子组件的数据，但可以在插槽内容中访问组件标签的属性，这时可以在子组件的<slot>标签中使用 v-bind 指令绑定动态数据，实现把子组件的实例数据传递给父组件的插槽内容。

【**示例 2**】下面的示例在<slot>标签中使用 v-bind 指令绑定一个动态属性 values，这个属性称为插槽 prop，但不需要在组件的 props 选项中声明。在父级作用域中，给 v-slot 指令传递一个变量 info，绑定插槽 prop，info 代表了组件包含的所有插槽 prop 的一个对象。因为<child>内的插槽是默认插槽，所以使用默认名字 default。当然也可以省略，如 v-slot ="info"。最后在父组件中使用 info 访问子组件的插槽 prop。在浏览器中运行程序，演示效果如图 8.18 所示。

```html
<div id="app">
    <child>
        <template v-slot:default="info">
            <ul> <li v-for="val, key in info.values">{{key}}: {{val}}
            </li></ul>
        </template>
    </child>
</div>
<script>
    const vm = Vue.createApp({ });              //创建一个应用程序实例
    vm.component('child', {
        data: function(){
            return{
                info: {
                    name: "HUAWEI Mate 60 Pro+ 16GB+1TB 砚黑",
                    price: "9999.00",
                    num: "3"
                }
            }
        },
        template: ' <slot v-bind:values="info">{{info.city}}</slot> '
    });
    vm.mount('#app');                           //在指定 DOM 元素上装载应用实例
</script>
```

图 8.18　使用作用域插槽传递多个数据

作用域插槽的内部工作原理是将插槽 prop 传入包含单个参数的函数，如 function(slotProps){//插槽内容}。因此，v-slot 的值实际上可以是任何能够作为函数参数的 JavaScript 表达式。如果在支持的环境下，也可以使用 ES6 解构来传入具体的插槽 prop。

【**示例 3**】针对示例 2，可以这样传递参数：v-slot:default="{values}"。

```
<child>
    <template v-slot:default="{values}">
        <ul class="list-group">
            <li v-for="val, key in values">{{key}}: {{val}}</li>
        </ul>
    </template>
</child>
```

这样可以使模板更简洁，尤其是当该插槽提供了多个 prop 时。

【**示例 4**】针对示例 2，也可以重命名 prop，如将 values 重命名为 items。

```
<child>
    <template v-slot:default="{values: items}">
        <ul class="list-group">
            <li v-for="val, key in items">{{key}}: {{val}}</li>
        </ul>
    </template>
</child>
```

【**示例 5**】还可以定义默认内容，用于插槽 prop 是 undefined 的情形。针对示例 1，进行如下修改，则演示效果如图 8.19 所示。

```
<div id="app">
    <child>
        <template v-slot:default="{values={name:'无', price:0, num:0}}">
            <ul class="list-group"><li v-for="val, key in values">{{key}}:
            {{val}}</li></ul>
        </template>
    </child>
</div>
<script>
    const vm = Vue.createApp({ });                    //创建一个应用程序实例
    vm.component('child', {template: '<slot>{{info.city}}</slot> '});
    vm.mount('#app');                                 //在指定 DOM 元素上装载应用实例
</script>
```

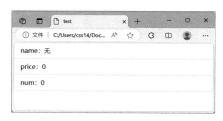

图 8.19　使用默认值显示数据列表

8.6 案 例 实 战

8.6.1 创建三级树形结构

【案例】本案例使用组件创建三级树形结构分类。主要代码如下:

```
<div id="app">
    <category-component :list="categories"></category-component>
</div>
<script>
    const CategoryComponent = {
        name: 'catComp',
        props:{list:{type: Array}},
        template: ' <ul>          <!--如果 list 为空,表示没有子分类,结束递归-->
                    <template v-if="list">
                        <li v-for="cat in list"> {{cat.name}} <catComp:list=
                    "cat.children"/>  </li>
                    </template> </ul>'
    }
    const app = Vue.createApp({
        data(){
            return{
                categories: [{
                        name: '河南省',
                        children: [{name: '郑州市', children: [{name: '市
                    辖区'},{name: '中原区'},{name: '二七区'}]}, {name:
                    '开封市'}]
                },
                {name: '湖北省',
                    children: [{name: '武汉市'},{name: '黄石市'},{name: '十堰市'}]}]
                }
            },
        components:{CategoryComponent}
    }).mount('#app');
</script>
```

在浏览器中运行程序,演示效果如图 8.20 所示。

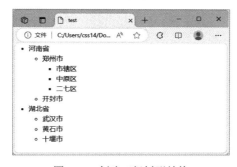

图 8.20 创建三级树形结构

8.6.2 设计实时滚动消息栏

【案例】本案例使用组件设计实时滚动消息栏。主要代码如下：

```html
<div id="app">
    <message></message>
</div>
<script>
    const vm = Vue.createApp({});                      //创建一个应用程序实例
    vm.component('message', {                          //注册组件
        data: function(){
            return {
                animate: false,
                num: 0,
                items: [
                    {name: "小 A", city: "北京", what: "不到长城非好汉。"},
                    {name: "小 B", city: "上海", what: "东方明珠，世界舞台。"},
                    {name: "小 C", city: "广州", what: "创业的乐园，创新的热土。"}
                ]
            }
        },
        created(){setInterval(this.scroll, 1000)},     //每秒执行一次动画
        methods: {
            scroll(){                       //定义动画函数
                this.animate = true;//因为需要在消息向上滚动时添加 CSS3 过渡动画，
                                    //所以这里设置为 true
                setTimeout(() => {  //直接使用 ES6 箭头函数，
                                    //省去处理 this 偏移问题，代码也简化了很多
                    this.items.push(this.items[0]); //将数组的第 1 个元素
                                                    //添加到数组
                    this.items.shift();      //删除数组的第 1 个元素
                    this.animate = false;    //margin-top 为 0 时取消过渡
                                             //动画，实现无缝滚动
                }, 500)
            }
        },
        template: '<div class="marquee">
            <div class="marquee_title"><span>实时滚动消息</span></div>
            <div class="marquee_box">
                <ul class="marquee_list"v-bind:style="{top:-num+ 'px'}" :
                class="{marquee_top:num}">
                <!--当显示最后一条时（num=0 转换布尔类型为 false）去掉过渡效果-->
                <li v-for="(item, index) in items" >
                    <span class="red">{{item.name}}</span>
                    <span>在</span>
                    <span class="red"> {{item.city}}</span>
                    <span>说: </span>
                    <span class="red"> {{item.what}}</span>
                </li></ul></div></div>'
    });
    vm.mount('#app');                                  //在指定 DOM 元素上装载应用实例
</script>
```

在浏览器中运行程序，演示效果如图 8.21 所示。

图 8.21 设计实时滚动消息栏

8.6.3 设计底部滚动半透明字幕

【案例】本案例使用组件在页面底部设计滚动半透明字幕。主要代码如下：

```html
<div id="app">
    <message></message>
</div>
<script>
    const vm = Vue.createApp({});              //创建一个应用程序实例
    vm.component('message', {
        name: "weather",
        data(){
            return{datas: ['1 月 2 日 星期三，当前温度 1℃ 晴 东北风 2 级，全天温度-
            6℃-5℃',],
                marginLeft: 0,
                prevLeft: 0,
                an: '',
                place: '',
            }
        },
        props: {
            data:{type: Array,},
            time:{type: Number, default: 100,},
            placement:{type: String, default: 'bottom'}
        },
        created(){
            switch (this.placement){        //此功能可扩展，定义展示方式
                case 'top': this.place = 'top'; break;
                case 'bottom': this.place = 'bottom'; break;
                default: this.place = 'bottom'; break;
            }
        },
        mounted(){this.$nextTick(function(){this.startAn();})},
        beforeDestroy(){this.stopAn();},
        methods: {
            startAn: function(){              //开始动画
                let _this = this;
                let width = document.querySelector('.scroll').offsetWidth;
                this.an = setInterval(function(){
                    if(_this.marginLeft > width){_this.marginLeft = 0;}
                    _this.marginLeft += 2;
                }, _this.time);
            },
            stopAn: function(){                //停止动画
```

```
                this.prevLeft = this.marginLeft;
                this.marginLeft = 0;
                clearInterval(this.an);
                this.$emit('on-stop-An');
            },
            pauseAn: function(){clearInterval(this.an);},     //暂停动画
            itemClick: function(item, e){this.$emit('on-item-click',
            item);}
        },
        template: '<div class="textScroll" @mousemove="pauseAn"
        @mouseout="startAn">
<div class="scroll" :style="{marginLeft: '-' + marginLeft + 'px'}">
        <span @click="itemClick(item,$event)" v-for="(item,index) in
        datas" :key="index" class="content"><span class="title">【今日天气：
        {{item}}】</span></span>
</div></div>'
    });
    vm.mount('#app');                                //在指定 DOM 元素上装载应用实例
</script>
```

在浏览器中运行程序，演示效果如图 8.22 所示。

图 8.22　设计底部滚动半透明字幕

扫一扫，看视频

8.6.4　设计全局弹窗组件

【案例】本案例开发一个全局弹窗组件，该组件自带一个触发按钮，当用户单击此按钮后，将会弹出弹窗。主要代码如下：

```
<div id="app">
    <my-dialog></my-dialog>
</div>
<script>
    const app = Vue.createApp({})
    app.component("my-dialog", {
        template: '<div><button @click="show = true" class="btn btn-
        primary">弹出弹窗</button></div>
        <teleport to="body">
        <div v-if="show" class="dialog">
            <h3>弹窗</h3>
            <button @click="show = false" class="btn btn-primary">
            关闭弹窗</button>
        </div>
        </teleport>',
        data(){
```

```
            return{show: false}
        }
    })
    app.mount("#app")
</script>
```

在上面的代码中，定义了一个名为 my-dialog 的组件，这个组件默认提供了一个功能按钮，单击后会弹出弹窗，按钮和弹窗的逻辑都被聚合到了组件内部。在浏览器中运行程序，演示效果如图 8.23 所示。

图 8.23 设计全局弹窗组件

在本案例中用到 Vue.js 3 提供的新功能 teleport。有了 teleport 功能，在编写代码时，开发者可以将相关行为的逻辑和 UI 封装到同一个组件中，以提高代码的聚合性。具体语法格式如下：

```
<teleport to="body">
    ...
</teleport>
```

在模板中，teleport 包裹的元素虽然属于组件，但是被渲染在 body 这个 DOM 元素下面。其中，to 属性就是传送的目的地，即需要把包裹的内容传送到何处。需要注意的是，<teleport> 只改变了渲染的 DOM 结构，不会影响组件间的逻辑关系。

如果去除<teleport to="body">标签，目前本案例代码运行没什么问题，但是该组件的可用性并不好，当在其他组件内部使用此组件时，全局弹窗的布局可能就无法达到预期的效果。例如，修改 HTML 结构如下：

```
<div id="app">
    <div style="position: absolute;width: 100px; bottom: 0;">
        <my-dialog></my-dialog>
    </div>
</div>
```

再次运行代码，由于当前组件被放入一个外部的 div 元素内，导致其弹窗布局受到影响，演示效果如图 8.24 所示。

为了避免这种由于组件结构的改变而影响组件内元素布局的问题，一种解决方式是将触发事件的按钮与全局的弹窗分成两个组件编写，保证全局弹窗组件挂载在 body 标签下，但这样会使相关的组件逻辑被分散在不同的地方，不易于后续维护。

另一种解决方式是使用 teleport。在定义组件时，如果组件模板中的某些元素只能挂载在指定的标签下，可以使用 teleport 来指定，这可以形象地理解为 teleport 的功能是将此部分元素传送到指定的标签下。以上面的代码为例，可以指定全局弹窗只挂载在 body 元素下。优化后的代码无论组件本身在组件树中的何处，弹窗都能正确地布局，演示效果如图 8.25 所示。

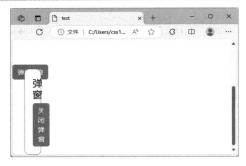

图 8.24　弹出组件受外层包裹标签的影响　　图 8.25　解决弹出组件布局受嵌套结构影响问题

扫一扫，看视频

8.6.5　设计开关组件

【案例】本案例设计一款小巧美观的开关组件。当切换开关组件的状态时，需要将事件同步传递到父组件中，实现一定的定制化需求。

（1）根据需求先编写 JavaScript 组件代码。由于开关组件有一定的可定制性，可以将按钮颜色、开关风格、边框颜色、背景色等属性设置为外部属性。另外，由于该开关组件是可交互的，因此需要使用一个内部状态属性来控制开关的状态。主要代码如下：

```
const switchComponent = {
    props:["switchStyle", "borderColor", "backgroundColor", "color"],
                                            //定义外部属性
    data(){return{isOpen:false, left:'0px'}},        //定义内部属性，控制开关状态
    computed:{                                //通过计算属性来设置 CSS 样式
        cssStyleBG:{
            get(){
                    if(this.switchStyle == "mini"){
                        return 'position: relative; border-color: ${this.
                        borderColor}; border-width: 2px; border-style: solid;
                        width:55px; height: 30px;border-radius: 30px;
                        background-color: ${this.isOpen? this.
                        backgroundColor:'white'};'
                    }else{
                        return 'position: relative; border-color:
                        ${this.borderColor}; border-width: 2px; border-
                        style: solid;width:55px; height: 30px;border-
                        radius: 10px; background-color: ${this.isOpen ?
                        this.backgroundColor:'white'};'
                    }
            }
        },
        cssStyleBtn:{
            get(){
                    if(this.switchStyle == "mini"){
                        return 'position: absolute; width: 30px; height:
                        30px; left:${this.left}; border-radius: 50%;
                        background-color: ${this.color};'
                    }else{
                        return 'position: absolute; width: 30px; height:
                        30px; left:${this.left}; border-radius: 8px;
                        background-color: ${this.color};'
                    }
```

```
            }
        }
    },
    methods: {                                    //组件状态切换方法
        click(){
            this.isOpen = !this.isOpen
            this.left = this.isOpen ? '25px' : '0px'
            this.$emit('switchChange', this.isOpen)
        }
    },
    template:' <div :style="cssStyleBG" @click="click">
                <div :style="cssStyleBtn"></div> </div>'
}
```

（2）完成组件的定义后，可以创建一个 Vue.js 应用，用于演示组件的使用，代码如下：

```
const app = Vue.createApp({
    data(){return{state1:"关", state2:"关"}},
    methods:{
        change1(isOpen){this.state1 = isOpen ? "开" : "关"},
        change2(isOpen){this.state2 = isOpen ? "开" : "关"},
    }
})
app.component("my-switch", switchComponent)
app.mount("#app")
```

（3）在 HTML 文档中定义两个 my-switch 组件，代码如下：

```
<div id="app">
    <my-switch @switch-change="change1" switch-style="mini" background-
    color="green" border-color="green" color="blue"></my-switch>
    <div>开关状态:{{state1}}</div><br/>
    <my-switch @switch-change="change2" switch-style="normal" background-
    color="blue" border-color="blue" color="red"></my-switch>
    <div>开关状态:{{state2}}</div>
</div>
```

在页面上创建了两个自定义开关组件，两个开关组件的样式风格根据外部设置的差异略有不同，并且将 div 元素展示的提示与开关组件的开关状态进行了绑定。

📢 **注意**

在定义组件时，外部属性采用的命名规则是小写字母驼峰式的，但是在 HTML 标签中使用时需要改成以连字符（-）分割的驼峰命名法。

（4）运行代码，尝试切换页面上开关的状态，演示效果如图 8.26 所示。

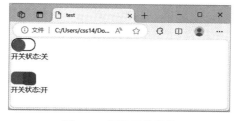

图 8.26　设计开关组件

8.7　本 章 小 结

本章主要讲解了 Vue.js 组件的相关知识，首先介绍了什么是组件，以及如何正确注册组件，包括全局注册和局部注册；然后介绍了组件内外数据传递的途径和方法，包括使用 prop 属性、自定义事件以及使用插槽。

8.8　课 后 习 题

一、填空题

1．在 Vue.js 中可以根据一个文件中包含组件的个数分为＿＿＿＿和＿＿＿＿。单文件组件的扩展名为＿＿＿＿。

2．全局注册组件可以使用＿＿＿＿方法。在 Vue.js 实例中通过＿＿＿＿选项可以局部注册组件。

3．在组件的＿＿＿＿选项中可以注册 prop 属性，实现向组件内部传递数据。

4．在组件中使用＿＿＿＿方法可以触发自定义事件，在父组件中使用＿＿＿＿指令监听子组件的自定义事件。

5．Vue.js 插槽包括三种形式：＿＿＿＿、＿＿＿＿和＿＿＿＿。

二、判断题

1．组件是 HTML、CSS、JavaScript 等代码的一个容器，封装性和隔离性都非常强。（　　）

2．在 Vue.js 中，组件是一个实例，可以接收如 data、methods、computed、watch 的选项以及生命周期函数等。（　　）

3．组件会被解析为 HTML 代码，因此可以使用组件名称作为标签使用。（　　）

4．局部注册的组件可以在多个 Vue.js 实例中使用。（　　）

5．组件内外可以自由地传递数据，因为组件都位于同一个文件中。（　　）

三、选择题

1．具名插槽是指在组件中为插槽定义名称，（　　）语法是正确的。
    A．<template v-slot:插槽名称>　　　　B．<template v-slot=插槽名称>
    C．<template @插槽名称>　　　　　　D．<template :插槽名称>

2．使用 $emit() 方法可以向父组件传递数据，（　　）语法是正确的。
    A．$emit(事件名，传递的数据)　　　　B．$emit(传递的数据)
    C．this.$emit(事件名，传递的数据)　　D．this.$emit(传递的数据)

3．（　　）选项可以实现 prop 属性 num 为数字且必须传递。
    A．num: {type: 'number',required: true }　　B．num: {type: Number,required: true }
    C．num: [Number, true]　　　　　　　　　　D．num: ['number', true]

4．（　　）选项可以设置 prop 属性的默认值。
    A．type　　　　　　B．validator　　　　C．required　　　　D．default

5．在父组件中通过（　　）指令可以把要插入的内容与具名插槽绑定在一起。

A．v-slot　　　　　　B．v-on　　　　　　C．v-bind　　　　　　D．v-show

四、简答题

1．简述你对 Vue.js 组件的认识。

2．Vue.js 插槽包括哪些形式？基本用法有什么不同？

五、编程题

根据本章所学知识设计一个弹窗组件，初始为隐藏显示，单击"显示弹窗"按钮可以遮罩所示，演示效果如图 8.27 所示。

（a）

（b）

图 8.27　弹窗组件

第9章 Vue 开发环境与组合式开发

【学习目标】

↘ 掌握 Vue CLI 脚手架的安装与使用方法。

↘ 掌握 CLI 插件与第三方插件的使用方法。

↘ 掌握 vue.config.js 文件的配置方法。

↘ 了解全局环境变量与模式的配置及静态资源的处理。

在前面章节中，主要是通过在页面中使用<script>标签引入 Vue.js 库文件，然后开发单文件程序。这种方式仅适用于简单的案例，在实际开发工作中，往往需要处理复杂的业务逻辑，那么通过<script>标签引入的方式就不太合适了。此时需要借助 Vue 脚手架工具，这个工具可以帮助开发者快速构建一个适用于实际项目的 Vue 运行环境。

9.1 认识 Vue CLI

Vue CLI 俗称 Vue 脚手架，是一个以 Vue.js 为核心，以 CLI（Command Line Interface，命令行界面）为终端，进行快速开发的完整系统。是 Vue.js 官方提供的、快速生成 Vue 工程化项目的工具，是构建单页 Web 应用的脚手架。

Vue CLI 的特点如下：

（1）开箱即用。

（2）基于 webpack。

（3）功能丰富且易于扩展。

（4）支持创建 Vue 2 和 Vue 3 的项目。

Vue CLI 包含 3 个独立的部分，下面分别介绍这些独立的部分。

1. CLI

CLI（@vue/cli）是一个全局安装的 NPM 包，提供了终端里使用的 Vue 命令。它可以通过 vue creat 命令快速创建一个新项目的脚手架，或者直接通过 vue serve 命令构建新项目的原型。也可以使用 vue ui 命令，通过一套图形化界面管理所有项目。

2. CLI 服务

CLI 服务（@vue/cli-service）是一个开发环境依赖。它是一个 NPM 包，局部安装在每个 @vue/cli 创建的项目中。CLI 服务构建于 webpack 和 webpack-dev-server 之上。

3. CLI 插件

CLI 插件向 Vue 项目提供可选功能的 NPM 包，Vue CLI 插件的名字以@vue/cli-plugin-（内建插件）或 vue-cli-plugin-（社区插件）开头，非常容易使用。在项目内部运行 vue-cli-service 命令时，它会自动解析并加载 package.json 中列出的所有 CLI 插件。

9.2　安装运行环境

Node.js 是 JavaScript 在服务器端的运行时环境。使用 Vue CLI 之前，需要先安装 Node.js 8.9 或更高版本。具体操作步骤如下：

（1）在浏览器中打开 Node.js 官网，如图 9.1 所示。下载最新的长期支持版本（20.10.0 LTS），该版本比较稳定，而右侧的 21.5.0 Current 为最新版。

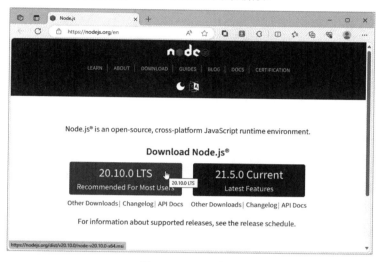

图 9.1　Node.js 官网

注意

Node.js 维护着两条发布流程线：奇数版本每年的 10 月发布，偶数版本第 2 年的 4 月发布。当一个奇数版本发布后，最近的一个偶数版本会立即进入 LTS 维护计划，一直持续 18 个月，再之后会有 12 个月的延长维护期。

（2）下载完成后，在本地双击安装文件 node-v20.10.0-x64.msi，进入安装欢迎界面，如图 9.2 所示。

（3）单击 Next 按钮，进入许可协议界面，勾选 I accept the terms in the License Agreement 复选框，如图 9.3 所示。

图 9.2　Node.js 安装欢迎界面

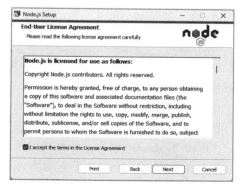

图 9.3　许可协议界面

（4）单击 Next 按钮，进入设置安装路径界面，如图 9.4 所示。安装路径默认在 C:\Program Files 下，也可以单击 Change...按钮更改默认的安装路径。

（5）单击 Next 按钮，进入自定义设置界面，如图 9.5 所示。

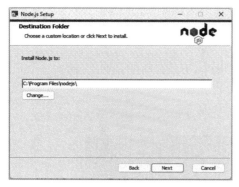
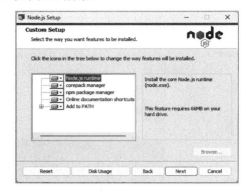

图 9.4　设置安装路径界面　　　　　　　　　图 9.5　自定义设置界面

Node.js 默认安装以下 5 项基本功能。

1）Node.js runtime：Node.js 的运行环境，这也是安装 Node.js 的核心功能。

2）corepack manager：Node.js 的通用包管理器，类似于 Python 的 pip，提供了对 Node.js 包的查找、下载、安装、卸载的管理功能。常用的 Node.js 包管理器有 npm、yarn、pnpm、cnpm 等，这些包管理器可以统一用 corepack 来发挥它们的功能。

3）npm package manager：npm 包管理器，是 JavaScript 运行时环境 Node.js 默认的包管理器。

4）Online documentation shortcuts：在线文档快捷方式，在 Windows 桌面的开始菜单中创建在线文档快捷方式，可以链接到 Node.js 的在线文档和 Node.js 网站。

5）Add to PATH：添加到 Windows 的环境变量。单击图 9.5 左侧的"+"，展开两个子功能：Node.js and npm 和 npm modules，即把 Node.js、npm、npm modules 添加到环境变量。

单击上述某项功能的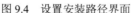图标，弹出该项安装设置的菜单，有以下选项可供选择。

1）Will be installed on local hard drive：安装本功能到本地硬盘，但不安装子功能。

2）Entire feature will be installed on local hard drive：安装本功能及子功能到本地硬盘。

3）Will be installed to run from network：安装本功能，但不安装子功能，以便从网络运行。

4）Entire feature will be installed to run from network：安装本功能及子功能，以便从网络运行。

5）Feature will be installed when required：功能将按需要而安装。

6）Entire feature will be unavailable：本功能及子功能将不被安装。

在安装时，上面各项功能的安装默认为 Entire feature will be installed on local hard drive，因此可以采用默认的设置。在图 9.5 中，单击 Reset 按钮可以恢复到默认设置，单击 Disk Usage 按钮可以查看硬盘使用情况。

（6）单击 Next 按钮，进入本机模块设置工具界面，如图 9.6 所示。

当使用 npm 下载安装某些包或模块时，可能需要被 C/C++编译，这时需要用到 Python 或 VS（Visual Studio），因为本地系统中需要安装这两种工具。勾选 Automatically install the necessary tools 选项，会自动下载安装 Python 和 VS，同时会安装 Windows 的 Chocolatey 包管理器。

考虑到安装速度，也可以不勾选该选项，暂时不安装这些工具，安装完 Node.js 后再手动安装，或者以后根据需要来安装。

如果勾选了上述选项，那么在 Node.js 安装完成后，会弹出一个脚本运行窗口提示自动安装 Python、VS、Chocolatey。

（7）单击 Next 按钮，进入准备安装界面，如图 9.7 所示。

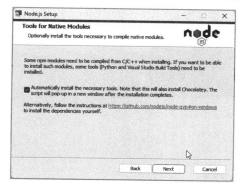

图 9.6　本机模块设置工具界面

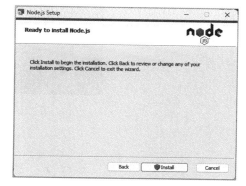

图 9.7　准备安装界面

（8）单击 Install 按钮，开始安装并显示安装的进度，如图 9.8 所示。

（9）安装完成后，单击 Finish 按钮，完成软件的安装，如图 9.9 所示。

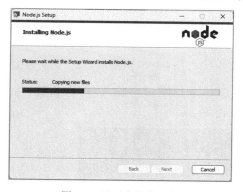

图 9.8　显示安装的进度

图 9.9　完成软件的安装

安装完成后，需要检测是否安装成功。具体步骤如下：

（1）使用 Win+R 快捷键打开"运行"对话框，然后在"运行"对话框中输入命令 cmd，如图 9.10 所示。

（2）单击"确定"按钮，即可打开 DOS 系统窗口，输入命令 node -v，然后按 Enter 键，如果出现 Node.js 对应的版本号，则说明安装成功，如图 9.11 所示。

图 9.10　在"运行"对话框中输入命令 cmd

图 9.11　检查 Node.js 版本

提示

因为 Node.js 已经自带 NPM，直接在 DOS 系统窗口中输入命令 npm -v 可以检查 NPM 版本，如图 9.12 所示。

图 9.12　检查 NPM 版本

扫一扫，看视频

9.3　安装 Vue CLI

Vue CLI 是基于 Node.js 开发出来的工具，因此需要在终端上使用 npm 命令将它安装为全局可用的工具。具体命令如下：

```
npm install -g @vue/cli
```

或者

```
yarn global add @vue/cli
```

【示例 1】参考 9.2 节中的操作步骤，打开 DOS 系统窗口，输入命令 npm install -g @vue/cli，然后按 Enter 键，即可进行安装，如图 9.13 所示。

图 9.13　安装 Vue CLI

注意

使用 npm 命令进行安装，受网速影响，国内安装过程可能会非常慢，甚至因为延迟而安装失败。因此，推荐使用淘宝镜像（cnpm）进行安装，安装速度更快。

（1）安装 cnpm。命令如下：

```
npm install -g cnpm --registry=https://registry.npm.taobao.org
```

（2）cnpm 安装成功后，在终端使用 cnpm 命令时，如果提示"cnpm 不是内部命令"，则需要设置 cnpm 命令的环境变量，让系统能够找到 cnpm 命令所在的位置，如图 9.14 所示。

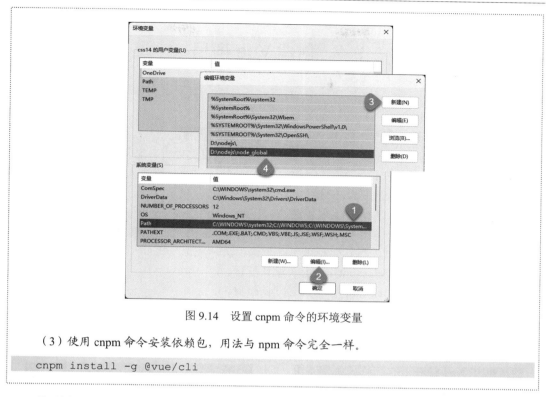

图 9.14　设置 cnpm 命令的环境变量

（3）使用 cnpm 命令安装依赖包，用法与 npm 命令完全一样。

```
cnpm install -g @vue/cli
```

【示例 2】安装完成后，可以在命令行中访问 vue 命令。通过简单运行 vue，查看是否列出一份所有可用命令的帮助信息，以验证它是否安装成功，如图 9.15 所示。

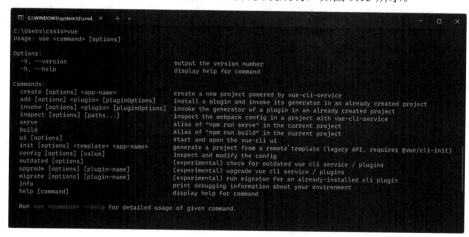

图 9.15　运行 vue 命令

还可以使用以下命令检查 Vue CLI 版本是否正确。

```
vue -version
```

提示

可以使用以下命令行删除 Vue CLI。

```
npm uninstall -g @vue/cli
```

9.4　创建 Vue 项目

扫一扫，看视频

9.4.1　使用 Vue CLI 命令

下面介绍使用 Vue CLI 命令创建 Vue 应用项目的具体步骤。

（1）打开创建项目的路径。例如，在磁盘 D 创建项目文件夹，名称为 node_demo。

（2）打开 DOS 系统窗口，在窗口中输入命令 D:，按 Enter 键进入 D 盘，输入命令 cd node_demo，切换到项目目录下面，如图 9.16 所示。

（3）创建 mydemo 项目。在 DOS 系统窗口中输入命令 vue create mydemo，按 Enter 键进行创建。需要注意的是，项目的名称不能大写，否则无法成功创建项目。

紧接着会提示配置方式，默认包括以下 3 个选项。

1）Default ([Vue 3] babel, eslint)：Vue 3 默认配置。

2）Default ([Vue 2] babel, eslint)：Vue 2 默认配置。

3）Manually select features：手动配置。

使用上下方向键选择 Default ([Vue 3] babel, eslint)选项，如图 9.17 所示。其中，babel 表示 JavaScript 编译模块，eslint 表示查找并修复 JavaScript 代码中的问题模块。

图 9.16　进入项目目录

图 9.17　选择配置方式

提示

图 9.17 中显示的前 4 个选项是本机操作中已定义的 4 个手动配置选项。默认是不包含这些预设选项的。如果要删除自定义的脚手架项目的配置，可以在操作系统的用户目录下找到.vuerc 文件，然后找到配置信息删除即可。

（4）这里选择 Vue 3 默认配置，直接按 Enter 键，即可创建 mydemo 项目，并显示创建的过程，如图 9.18 所示。

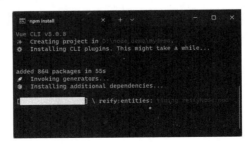

图 9.18　创建 mydemo 项目

（5）项目创建完成，如图 9.19 所示。这时可在 D 盘 node_demo 文件夹中看见创建的项目文件夹，如图 9.20 所示。

图 9.19　项目创建完成

图 9.20　创建的项目文件夹

（6）项目创建完成后，可以启动项目。紧接着上面的操作步骤，使用 cd mydemo 命令进入项目，然后使用脚手架提供的 npm run serve 命令启动项目，如图 9.21 所示。

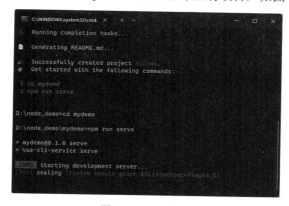

图 9.21　启动项目

（7）项目启动成功后，会提供本地的测试域名，只需在浏览器地址栏中输入 http://localhost:8080/，即可打开项目，如图 9.22 所示。

图 9.22　在浏览器中打开项目

试一试

　　使用 VSCode 可以快速进行命令行测试。方法如下：启动 VSCode，选择"文件/选择文件夹"菜单命令，打开 D:\node_demo，此时 VSCode 会自动把该目录视为一个应用站点，在左侧"资源管理器"面板中可以操作站点文件。同时选择"终端/新建终端"菜单命令，可以在底部新建一个终端面板，在终端面板中可以输入命令，用法和响应结果与 DOS 系统窗口内完全相同。

提示

　　vue create 命令有一些可选项，可以通过运行以下命令进行探索。

```
vue create --help
```

　　vue create 命令的选项如下。

　　（1）-p：--preset <presetName>，忽略提示符并使用已保存的或远程的预设选项。

　　（2）-d：--default，忽略提示符并使用默认预设选项。

　　（3）-i：--inlinePreset <json>，忽略提示符并使用内联的 JSON 字符串预设选项。

　　（4）-m：--packageManager <command>，在安装依赖时使用指定的 npm 客户端。

　　（5）-r：--registry <url>，在安装依赖时使用指定的 npm registry。

　　（6）-g：--git [message]，强制/跳过 git 初始化，并可选地指定初始化提交信息。

　　（7）-n：--no-git，跳过 git 初始化。

　　（8）-f：--force，覆写目标目录可能存在的配置。

　　（9）-c：--clone，使用 git clone 获取远程预设选项。

　　（10）-x：--proxy，使用指定的代理创建项目。

　　（11）-b：--bare，创建项目时省略默认组件中的新手指导信息。

　　（12）-h：--help，输出使用帮助信息。

　　（13）--merge：合并目标目录（如果存在）。

　　（14）--skipGetStarted：跳过显示 Get started 说明。

扫一扫，看视频

9.4.2　使用图形化界面

　　使用 vue ui 命令，可以以图形化界面创建和管理项目。

　　【示例】本示例创建的项目名称为 myapp。具体步骤如下：

　　（1）打开 DOS 系统窗口，在窗口中输入命令 d:，按 Enter 键进入 D 盘根目录。输入命令 cd node_demo，进入当前操作目录。然后在窗口中输入命令 vue ui，按 Enter 键启动图形化界面，如图 9.23 所示。

图 9.23　启动图形化界面

（2）此时在本地默认的浏览器上自动打开图形化界面，如图 9.24 所示。

图 9.24　在默认浏览器上打开图形化界面

（3）在图形化界面中单击 Create（创建）按钮，将显示创建项目的路径，如图 9.25 所示。

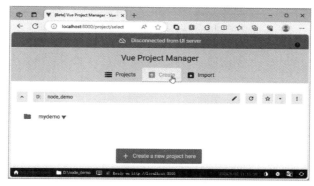

图 9.25　单击 Create 按钮

（4）单击 Create a new project here（在此创建新项目）按钮，显示创建项目的界面，输入项目的名称 myapp1，在详情选项中，可以根据需要进行选择，这里保持默认设置，如图 9.26 所示。

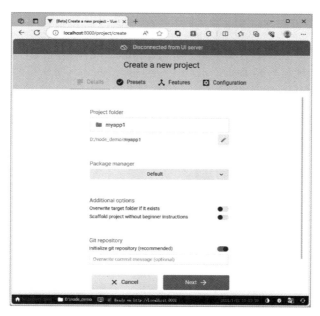

图 9.26　详情选项配置

（5）单击 Next 按钮，将展示预设选项，如图 9.27 所示。根据需要选择一套预设即可，这里选择 Default (Vue 3)预设方案。

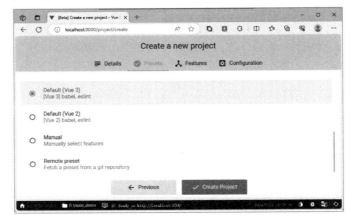

图 9.27　预设选项配置

（6）单击 Create Project（创建项目）按钮创建项目，如图 9.28 所示。

图 9.28　开始创建项目

（7）项目创建完成后，在 D 盘 node_demo 文件夹中即可看到 myapp1 项目的文件夹。浏览器中将显示如图 9.29 所示的界面，其他 4 个部分［Plugins（插件）、Dependencies（依赖）、Configuration（配置）和 Tasks（任务）］分别如图 9.30～图 9.33 所示。

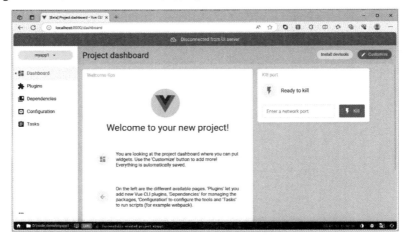

图 9.29　项目创建完成后浏览器显示效果

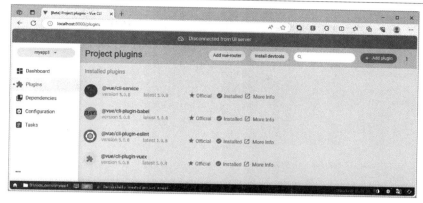

图 9.30　插件配置界面

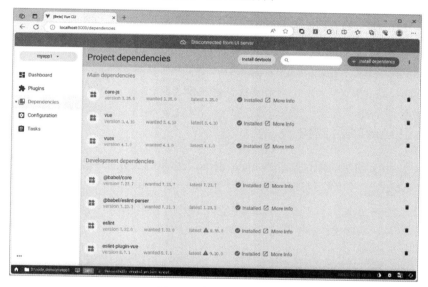

图 9.31　依赖配置界面

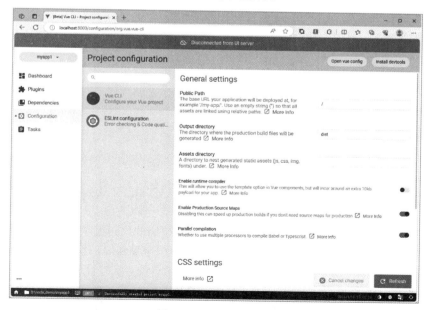

图 9.32　项目配置界面

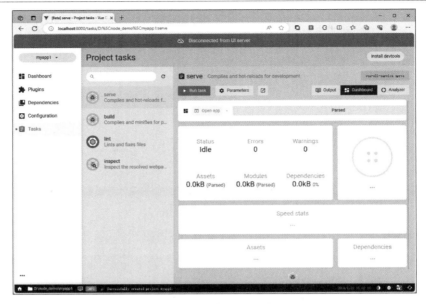

图 9.33　任务配置界面

扫一扫，看视频

9.4.3　认识 Vue 项目结构

打开 9.4.1 小节创建的项目文件夹 node_demo，目录结构如图 9.34 所示。

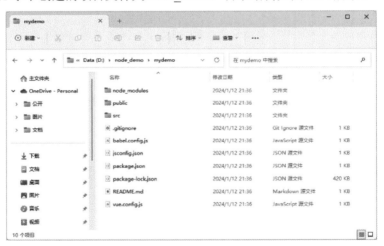

图 9.34　项目目录结构

项目目录下的文件夹用途说明如下。

（1）node_modules：项目依赖的模块。

（2）public：包含了项目应用程序的入口文件（HTML 文件），以及其他不需要经过 webpack 编译的公共静态文件。这里也会存放引用的第三方库的 JS 文件。

（3）src：项目的主要源码目录。可以将各个功能模块的代码组织在不同的文件夹中。例如，assets 用于存放静态资源文件；components 用于存放全局和局部组件；views 用于存放页面视图组件；router 用于存放路由配置；store 用于存放 Vuex 状态管理的相关文件；services 用于存放网络请求相关的服务文件；utils 用于存放工具函数等。App.vue 是根组件，main.js 是应用程序的入口文件。

提示

　　在发布代码时，项目下的 node_modules 文件夹都不会发布。在下载了其他人的代码后，如果要安装依赖，可以在项目根路径下执行 npm install 命令，该命令会根据 package.json 文件下载所需要的依赖。

　　项目目录下的文件的用途说明如下。

　　（1）.gitignore：配置把项目代码推送到 git 远程数据库时需要忽略的文件或文件夹。

　　（2）babel.config.js：Babel 使用的配置文件。用于配置 Babel 的编译规则和插件。

　　（3）jsconfig.json：JavaScript 项目的配置文件，可以启用 JavaScript 相关的编译器标志，以便快速、便捷地提高代码运行效率。

　　（4）package.json：项目的配置文件，包含了项目的元数据、依赖项和脚本等信息。

　　（5）package-lock.json：用于锁定项目实际安装的各个 npm 包的具体来源和版本号。

　　（6）README.md：项目说明文件。通常包含项目介绍、安装和运行说明以及其他相关信息。

　　（7）vue.config.js：可选的配置文件，在@vue/cli-service 启动时会自动加载，配置项目的 Webpack、CSS 相关、代理等功能。

　　下面重点分析 3 个关键文件。分别是 src 文件夹下的 App.vue 文件、main.js 文件及 public 文件夹下的 index.html 文件。

1. App.vue 文件

　　App.vue 文件是 Vue 3.0 项目的主组件，也是页面的入口文件，所有页面都在 App.vue 中进行切换，是整个项目的关键，负责构建定义及页面组件归集。App.vue 是一个单文件组件，包含了组件代码、模板代码和 CSS 样式规则。这里引入了 HelloWorld 组件，然后在 template 中使用它。具体代码如下：

```
<template>
  <img alt="Vue logo" src="./assets/logo.png">
  <HelloWorld msg="Welcome to Your Vue.js App"/>
</template>
<script>
import HelloWorld from './components/HelloWorld.vue'
export default{
  name: 'App',
  components: {
    HelloWorld
  }
}
</script>
<style>
#app{
  font-family: Avenir, Helvetica, Arial, sans-serif;
  -webkit-font-smoothing: antialiased;
  -moz-osx-font-smoothing: grayscale;
  text-align: center;
  color: #2c3e50;
  margin-top: 60px;
```

```
}
</style>
```

需要注意的是，组件不再使用选项式 API，而是使用组合式 API。

2. main.js 文件

main.js 文件是程序入口的 JavaScript 文件，主要用于加载各种公共组件和项目需要用到的各种插件，并创建 Vue 的根实例。具体代码如下：

```
import {createApp} from 'vue'
import App from './App.vue'
createApp(App).mount('#app')
```

3. index.html 文件

index.html 文件为项目的主文件，包含一个 id 为 app 的 div 元素，组件实例会自动挂载到该元素上。具体代码如下：

```html
<!DOCTYPE html>
<html lang="">
  <head>
    <meta charset="utf-8">
    <meta http-equiv="X-UA-Compatible" content="IE=edge">
    <meta name="viewport" content="width=device-width,initial-scale=1.0">
    <link rel="icon" href="<%= BASE_URL %>favicon.ico">
    <title><%= htmlWebpackPlugin.options.title %></title>
  </head>
  <body>
    <noscript>
      <strong>We're sorry but <%= htmlWebpackPlugin.options.title %> doesn't
      work properly without JavaScript enabled. Please enable it to continue.
      </strong>
    </noscript>
    <div id="app"></div>
    <!-- built files will be auto injected -->
  </body>
</html>
```

扫一扫，看视频

9.4.4　认识 Vue 单文件组件

在前面章节中，主要讲解了如何在 JavaScript 源代码中定义组件，这样虽然容易被浏览器直接解析，不需要运行环境支持。但是在大型项目中，这种定义组件的方式还是存在很多问题。例如：

（1）全局定义会强制要求每个组件中的命名不能重复。

（2）字符串模板缺乏语法高亮，显示多行 HTML 代码时，需要用到换行符 "\\"。

（3）不支持 CSS，CSS 明显被遗漏。

（4）没有构建步骤限制，只能使用 HTML 和 ES5 JavaScript，而不能使用预处理器。

单文件组件（Single File Component，SFC）就是一个扩展名为.vue 的文本文件，是 Vue.js 自定义的一种文件格式。一个单独的组件在文件内封装了组件的相关代码（HTML、CSS 和 JavaScript）。浏览器不支持.vue 文件，必须使用 vue-loader 对.vue 文件进行加载解析。所以在开发项目时，通常需要依赖 webpack、vite 等构建工具。

【示例】下面结合一个单文件组件，简单介绍其结构特征。

```
<template>
    <div class="example">{{msg}}</div>
</template>
<script>
export default{
    data(){
        return{
            msg: 'Hello world!'
        }
    }
}
</script>
<style>
.example{
    color: red;
}
</style>
<custom1>
    这里可以是组件的文档
</custom1>
```

.vue 文件是一个自定义的文件类型，用类 HTML 语法描述一个 Vue 组件。每一个.vue 文件包含 3 种类型的顶级语言块，即<template>、<script>和<style>，还允许添加可选的自定义块。

（1）<template>。每一个.vue 文件最多包含一个<template>模板块。其中的内容会被提取出来，并传递给 vue-template-compiler 为字符串、预编译为 JavaScript 的渲染函数，并最终注入从<script>导出的组件中。

（2）<script>。每一个.vue 文件最多包含一个<script>脚本块。该脚本将作为 ES Module 来执行，其默认导出的内容应是一个 Vue.js 的组件选项对象。也可以导出由 Vue.extend()函数创建的扩展对象。

（3）<script setup>。每一个.vue 文件包含一个<script setup>安装块。该脚本会被预处理，并作为组件的 setup()函数使用，它会在每个组件实例中执行。<script setup>的顶层绑定会自动暴露给模板。

（4）<style>。每一个.vue 文件可以包含多个<style>样式块。<style>可以设置 scoped、module 属性，以便将样式封装到当前组件。具有不同封装模式的多个<style>标签可以在同一个组件中混合使用。

（5）自定义块。为了满足项目的特定需求，.vue 文件中还可以包含额外的自定义块，如<docs>块。

下面介绍 Vue 单文件组件拥有的语法特征。

1. 自动推断组件的名称

单文件组件在下列情况下会依据文件名自动推断组件的名称。

（1）开发警告信息中需要格式化组件名时。

（2）DevTools 中观察组件时。

（3）递归组件自引用时。例如，名为 FooBar 的文件可以在模板中用<FooBar/>引用自己。这种方式比明确注册或引入的组件的优先级要低。

2. 设置预处理语言

每一个块都可以使用 lang 属性声明块预处理的语言。例如：

```
<script lang="ts">
        //使用 TypeScript 语言（JavaScript 语言的超集）进行解析
</script>
<template lang="pug">
<!-- pug（jade）是比较流行的 HTML 模板引擎，其最大特色如下：采用缩进、可选的括号和强制
缩写等语法规则来简化 HTML 标签-->
</template>
    <style lang="scss">
/*一种比较流行的 CSS 动态语言，采用 Ruby 语言编写的一款 CSS 预处理语言*/
</style>
```

如果在 Vue 组件中没有使用任何预处理器，则可以把.vue 文件当作 HTML 文件对待。

注意

基于不同的工具链，预处理器的集成方式有所不同，具体可以参考 Vite、Vue CLI、webpack + vue-loader 相关参考文档以获取示例。

3. 文件分离

如果将一个单文件组件拆分为多个文件，可以使用 src 属性引入拆分的外部文件作为语言块。例如：

```
<template src="./template.html"></template>
<style src="./style.css"></style>
<script src="./script.js"></script>
```

注意

src 属性值需要遵循的路径解析规则与 webpack 模块请求一致。

（1）相对路径需要以./开头。

（2）可以从 NPM 依赖中导入资源。例如：

```
<!--从已安装的"todomvc-app-css"npm 包中引入文件-->
<style src="todomvc-app-css/index.css">
```

src 也可以用于自定义块。例如：

```
<unit-test src="./unit-test.js"></unit-test>
```

4. 注释

在每一个语言块中，注释应该使用相应语言的语法，如 HTML、CSS、JavaScript、Pug 等。顶层注释使用 HTML 注释语法，如<!--注释内容-->。

扫一扫，看视频

9.4.5 案例：设计 Vue 单文件组件

本小节结合一个简单的网站结构演示 Vue 单文件组件创建过程，演示效果如图 9.35 所示。

图 9.35 使用 Vue 单文件组件设计网站

本案例以 9.4.1 小节创建的 Vue 项目框架为基础进行构建，具体步骤如下：

（1）在已完成构建的 Vue 项目 mydemo 框架中，打开 mydemo\src\components 目录，该文件夹主要存储各种组件文件，默认包含一个 HelloWorld.vue 文件。删除该文件，然后新建 3 个组件文件：MyFooter.vue、MyHeader.vue 和 MyMain.vue。

1）MyFooter.vue：设计网站版权信息栏。

2）MyHeader.vue：设计网站标题栏。

3）MyMain.vue：设计网站主体内容栏，并负责导入标题栏组件，组合显示。

（2）打开 MyFooter.vue 文件，编写如下代码。

```
<template>
    <ul>
        <li v-for="(item, index) in list" :key="index">
            <a href="{{item.href}}"> {{item.title}}</a>
        </li>
    </ul>
</template>
<script>
export default{
    data(){
        return{                                    //设计版权区超链接的数据
            list: [
                {title: "网站地图", href: "#"},
                {title: "联系我们", href: "#"},
                {title: "隐私声明", href: "#"},
            ],
        };
    },
};
</script>
<style scoped>/*scoped 设置当前 CSS 样式表是一个局部作用域，即仅作用于当前组件*/
ul{
    list-style: none; margin: 0; padding: 6px 1em; background-color: #999;
    position: fixed; bottom: 0; width: 100%;
}
li{
    display: inline-block; width: 6em; height: 4em;
```

```
       line-height: 4em; margin: 0; padding: 0;
}
</style>
```

该组件通过一个本地数据在版权区域设计一个超链接菜单，数据通过 v-for="(item, index) in list"命令在模板块中迭代显示。

（3）打开 MyHeader.vue 文件，编写如下代码。设计网站标题栏，标题文本通过本地变量 title 进行设置。

```
<template>
    <h1>{{title}}</h1>
</template>
<script>
export default{
    data(){
        return{title: "网站标题",};
    },
};
</script>
<style scoped>
h1{
   margin: 0; padding: 12px; height: 3em; text-align: center;
   line-height: 3em; background: #000; color: #fff;
}
</style>
```

（4）打开 MyMain.vue 文件，编写如下代码。设计网站主要内容区域。

```
<template>
    <my-header/>                              <!--应用标题栏组件-->
    <ul>
        <li v-for="(item, index) in list" :key="index">{{item}}</li>
    </ul>
</template>
<script>
import MyHeader from "./MyHeader";
export default{
    data(){                                   //定义本地数组，用于存储新闻列表信息
        return{list: [],};
    },
    mounted(){                                //计算属性
        for(var i = 0; i < 10; i++) {    //动态生成10条新闻信息，并推入到list
            this.list.push('第${i}条新闻');
        }
    },
    components: {"my-header": MyHeader,},//注册标题栏组件
};
</script>
<style>
body{margin: 0; padding: 0;}
ul, li{list-style: none;}
</style>
```

（5）回到上一级目录 src，然后在该文件夹中打开默认的 App.vue 文件，删除原默认的代码，编写如下代码。把标题栏、版权信息栏和主要内容栏组件组合在一起。

```
<template>                                    <!--应用主要内容和版权信息组件-->
    <My-Main/>
    <My-Footer/>
</template>
<script>
import MyMain from "./components/MyMain";        //导入主要内容组件
import MyFooter from "./components/MyFooter";     //导入版权信息组件
export default{
    components: {                                 //注册主要内容和版权信息组件
        MyMain,
        MyFooter,
    },
};
</script>
```

（6）完成组件设计之后，参考 9.4.1 小节的步骤（6），使用 npm run serve 命令启动项目，然后在浏览器中预览网站，演示效果见图 9.35。

9.5　配置 Vue 项目

9.5.1　配置 CSS 预处理器

扫一扫，看视频

现在流行的 CSS 预处理器包括 Less、Sass/SCSS 和 Stylus，如果要在 Vue CLI 创建的项目中使用 CSS 预处理器，可以在创建项目时进行配置。下面以配置 SCSS 为例进行讲解，其他预处理的配置方法类似。

（1）打开 DOS 系统窗口，在窗口中输入命令 D:，按 Enter 键进入 D 盘，输入命令 cd node_demo，切换到项目目录下面，参考 9.4.1 小节。

（2）创建 sassdemo 项目。在 DOS 系统窗口中输入命令 vue create sassdemo，按 Enter 键进行创建。选择手动配置模块，如图 9.36 所示。

（3）按 Enter 键，进入模块配置界面。按上下方向键移动选项，然后通过空格键选择要配置的模块，这里选择 CSS Pre-processors 来配置预处理器，如图 9.37 所示。

图 9.36　手动配置模块

图 9.37　模块配置界面

配置模块简单介绍如下。

1）Babel：使用 Babel 模块可以将源代码进行转码，如把 ES6 转换为 ES5。

2）TypeScript：使用 TypeScript 进行源码编写。TypeScript 是 JavaScript 超集版本语言。

3）Progressive Web App(PWA) Support：使用渐进式 Web 应用（Progressive Web App，PWA）。

4）Router：使用 Vue 路由。

5）Vuex：使用 Vuex 状态管理器。

6）CSS Pre-processors：使用 CSS 预处理器，如 Less、Sass 等。

7）Linter/Formatter：使用代码风格检查和格式化。

8）Unit Testing：使用单元测试。

9）E2E Testing：使用 E2E Testing，End to End（端到端）是黑盒测试的一种。

（4）按 Enter 键，进入选择 Vue.js 版本界面，这里选择 3.x 选项，如图 9.38 所示。

（5）按 Enter 键，进入 CSS 预处理器选择界面，这里选择 Sass/SCSS(with dart-sass)，如图 9.39 所示。

图 9.38　选择 3.x 选项

图 9.39　选择 Sass/SCSS(with dart-sass)

CSS 预处理器选项简单介绍如下。

1）Sass/SCSS：Sass 是采用 Ruby 语言编写的一种 CSS 预处理语言，是最成熟的 CSS 预处理语言。最初是为了配合 HAML（一种缩进式 HTML 预编译器）而设计的，因此有着和 HTML 一样的缩进式风格。

2）Less：CSS 预处理语言，扩充了 CSS 语言，增加了变量、混合（mixin）、函数等功能，让 CSS 更易维护。Less 可以运行在 Node.js 或浏览器端。

3）Stylus：可以省略原生 CSS 中的大括号、逗号和分号，类似于 Python 语言的编程风格。

（6）按 Enter 键，进入代码格式和校验选项界面，这里选择默认的第 1 项，表示仅用于错误预防，如图 9.40 所示。

（7）按 Enter 键，进入何时检查代码界面，这里选择默认的第 1 项，表示保存时检测，如图 9.41 所示。

图 9.40　代码格式和校验选项界面

图 9.41　何时检查代码界面

（8）按 Enter 键，设置如何保存配置信息，第 1 项表示在专门的配置文件中保存配置信息，第 2 项表示在 package.json 文件中保存配置信息，这里选择第 1 项，如图 9.42 所示。

（9）按 Enter 键，设置是否保存本次设置，如果选择保存本次设置，以后再使用 vue create 命令创建项目时，会出现保存过的配置供用户选择。这里输入 y，表示保存本次设置，如图 9.43 所示。

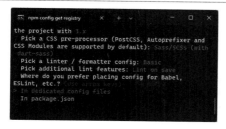

图 9.42　设置如何保存配置信息

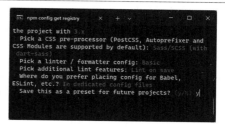

图 9.43　保存本次设置

（10）按 Enter 键，为本次配置设置一个名字，这里输入 my_scss_set，如图 9.44 所示。

（11）按 Enter 键，项目创建完成，结果如图 9.45 所示。

图 9.44　设置本次配置的名字

图 9.45　项目创建完成

项目创建完成之后，在组件的<style>标签中可以设置 lang="scss"属性，这样就可以使用 SCSS 预处理器了。

【示例】进入 D:\node_demo\sassdemo\src 目录，打开 App.vue 文件，删除已有代码，重新编写代码，使用 SCSS 定义其样式。

```
<template>
    <h1>测试 SCSS</h1>
</template>
<style lang="scss">
$bg: #6fda44;
$fg: #ffffff;
body {
    background: $bg;
    color: $fg;
}
</style>
```

使用 cd sassdemo 命令进入项目目录，然后使用 npm run serve 命令启动项目，在浏览器中运行项目，演示效果如图 9.46 所示。

图 9.46　项目运行效果

9.5.2 配置文件 package.json

package.json 是 JSON 格式的 npm 配置文件，定义了 Vue 项目所需要的各种模块，以及项目的配置信息。在项目开发中经常需要修改该文件的配置项。package.json 的代码和注释如下：

```
{
  "name": "sassdemo",                           //项目的名称
  "version": "0.1.0",                           //项目的版本
  "private": true,                              //指定私有项目
  "scripts": {                                  //指定运行脚本命令的 npm 命令行缩写
    "serve": "vue-cli-service serve",           //运行项目
    "build": "vue-cli-service build",           //构建项目
    "lint": "vue-cli-service lint"              //运行 ESLint，验证并格式化代码
  },
  "dependencies": {                             //指定项目运行所依赖的模块和版本
    "core-js": "^3.8.3",
    "vue": "^3.2.13"
  },
  "devDependencies": {                          //指定项目开发所需要的模块和版本
    "@babel/core": "^7.12.16",
    "@babel/eslint-parser": "^7.12.16",
    "@vue/cli-plugin-babel": "~5.0.0",
    "@vue/cli-plugin-eslint": "~5.0.0",
    "@vue/cli-service": "~5.0.0",
    "eslint": "^7.32.0",
    "eslint-plugin-vue": "^8.0.3",
    "sass": "^1.32.7",
    "sass-loader": "^12.0.0"
  }
}
```

在使用 npm 命令安装依赖的模块时，可以根据模块是否需要在生产环境下使用而选择附加-S 或-D 参数。例如：

```
nmp install element-ui -S
```

安装后会在 dependencies 中写入依赖性，在项目打包发布时，dependencies 中写入的依赖性也会一起打包。

扫一扫，看视频

9.6 使用 Vite

Vite 是 Vue 的作者尤雨溪开发的 Web 开发构建工具，专注于为用户提供一个快速的开发服务器和基本的构建工具，是一个基于浏览器原生 ES 模块导入的开发服务器。在开发环境下，可以利用浏览器解析 import，并在服务器端按需编译返回，完全跳过打包操作，服务器随启随用。

提示

Vite 是 Vue 3.0 新增的开发构建工具，目前仅支持 Vue 3.0，所以与 Vue 3.0 不兼容的库不能与 Vite 一起使用。

Vite 提供了 npm 和 yarm 命令方式创建项目。例如，使用 npm 命令创建项目 myapp。

第 1 步：npm init vite-app myapp
第 2 步：cd myapp
第 3 步：npm install
第 4 步：npm run dev

执行过程如图 9.47 所示。

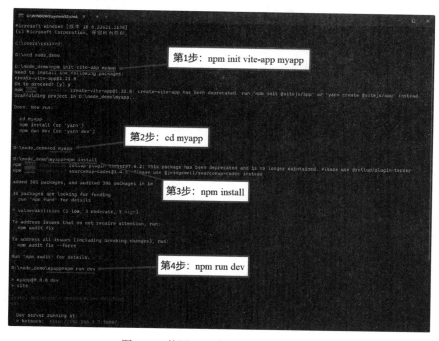

图 9.47 使用 npm 命令创建项目 myapp

项目启动成功后，会提供本地的测试域名，只需在浏览器地址栏中输入 http://localhost: 3000/，即可打开项目，如图 9.48 所示。

图 9.48 在浏览器中打开项目

使用 Vite 生成的项目结构及简单说明如图 9.49 所示。

```
|- node_modules          项目依赖包存储目录
|- public                项目公共文件存储目录
    |-- favicon.ico      默认示例用网站图标
|- src                   源文件存储目录，用户开发的程序文件主要放在这里
    |- assets            静态文件存储目录，如图片图标、多媒体等资源
        |-- logo.png     默认示例用大图标
    |- components        用户自定义组件存储目录
        |-- HelloWorld.vue  默认示例组件
    |-- App.vue          项目根组件，单页 Web 应用都需要
    |-- index.css        项目通用 CSS 样式，main.js 引入
    |-- main.js          项目入口文件，单页 Web 应用都需要入口文件
|--.gitignore            git 的管理配置文件，设置哪些文件夹或文件不管理
|-- index.html           项目的默认首页，Vue 的组件需要挂载到这个文件上
|-- package.json         项目的配置文件，包含了项目的元数据、依赖项和脚本等信息
|-- package-lock.json    用于锁定项目实际安装的各个 NPM 包的具体来源和版本号
```

图 9.49　使用 Vite 生成的项目结构及简单说明

配置文件 package.json 的代码如下：

```json
{
  "name": "myapp",
  "version": "0.0.0",
  "scripts": {
    "dev": "vite",
    "build": "vite build"
  },
  "dependencies": {
    "vue": "^3.0.4"
  },
  "devDependencies": {
    "vite": "^1.0.0-rc.13",
    "@vue/compiler-sfc": "^3.0.4"
  }
}
```

如果需要构建生产环境下的发布版本，则只需在 DOS 系统窗口中执行以下命令。

```
npm run build
```

如果使用 yarn 命令创建项目 myapp，则依次执行以下命令。

```
第 1 步：yarn create vite-app myapp
第 2 步：cd myapp
第 3 步：yarn
第 4 步：yarn dev
```

 提示

如果没有安装 yarn，则执行以下命令安装 yarn。

```
npm install -g yarn
```

9.7　组合式 API

9.7.1　认识组合式 API

为了降低初学难度，前面章节中所有演示示例都是基于选项式 API 进行开发的。Vue 3.0 新增了一套组合式 API，组合式开发模式是一套基于函数的 API，允许将代码编写成函数，每个函数处理一个功能，不再按选项化方式组织代码。组合式 API 主要用于在大型组件中提高代码逻辑的可复用性，并支持与选项式 API 一起使用。

Vue 3.0 使用组合式 API 的地方为 setup。在 setup()函数中，可以按逻辑需要对部分代码进行分组，然后把部分数据或方法暴露给外部，与其他组件共享。

【示例 1】使用选项式 API 开发一个简单示例。定义一个组件数据 count，初始为 0；再定义一个实例方法 add()，用于增加数据 count；设计在 mounted()生命周期函数中执行实例方法。

```
<template>
    <p>count = {{count}}</p>
</template>
<script>
export default{                          //选项式 API
    data(){                              //定义实例数据
        return{count: 0,};              //初始化变量 count 为 0
    },
    methods: {                           //定义实例方法
        add(){this.count++;},           //增加本地变量 count
    },
    mounted(){this.add();},             //当组件挂载完毕执行一次 add()
};
</script>
```

通过以上示例可以发现，选项式 API 可以在一个实例的 data、methods、computed、watch 选项中分别定义各种属性和方法。其优点是上手简单、容易理解，缺点是当项目越来越大时，一个 methods 中可能包含很多方法，代码散乱，不便管理，并且当新增功能时，可能还需要在 data、methods、computed、watch 选项中分别编写代码。

【示例 2】针对示例 1，下面使用组合式 API 进行开发。

```
<template>
    <p>count = {{count}}</p>
</template>
<script>
Import {onMounted, ref} from 'vue';     //从 Vue 导入所需要的函数
export default{                          //组合式 API
    setup(){
        const count = ref(0)            //定义实例数据，初始为 0，包装为代理对象
        const add = ()=> count.value++  //定义实例方法，增加实例数据 count
        onMounted(()=> add())           //在组件挂载完毕执行一次 add()
        return {count}                  //导出实例数据，暴露给外部，允许在模板中访问
```

```
    }
};
</script>
```

通过以上示例可以发现，组合式 API 将组件逻辑分解为更小的可复用函数，并通过这些函数组合出一个完整的组件。这样可以更好地实现组件复用和分离。

注意

组合式 API 会在选项（data、computed 和 methods）之前解析，所以组合式 API 无法访问选项式 API 的内容。

提示

在组合式 API 中调用生命周期函数的方法：在 setup()函数中使用带有 on 前缀的函数，选项式 API 生命周期函数与组合式 API 生命周期函数之间的映射关系见表 9.1。

表 9.1　选项式 API 生命周期函数与组合式 API 生命周期函数之间的映射关系

选项式 API 生命周期函数	组合式 API 生命周期函数
beforeCreate(){this.add()}	setup(() => add())
created(){this.add()}	setup(() => add())
beforeMount(){this.add()}	onBeforeMount(() => add())
mounted(){this.add()}	onMounted(() => add())
beforeUpdate(){this.add()}	onBeforeUpdate(() => add())
updated(){this.add()}	onUpdated(() => add())
beforeUnmount(){this.add()}	onBeforeUnmount(() => add())
unmounted(){this.add()}	onUnmounted(() => add())

扫一扫，看视频

9.7.2　setup()函数

setup()函数是一个新的组件选项，它是在组件内部使用组合式 API 的入口点。新的组件选项在创建组件之前执行，即 setup()函数在 beforeCreate()函数之前调用。

提示

在以下情况下建议使用 setup()函数，在其他情况下应优先使用<script setup>语法。

（1）在非单文件组件中使用组合式 API 时。

（2）在基于选项式 API 的组件中集成基于组合式 API 的代码时。

【示例 1】以 9.4.1 小节创建的项目为模板，打开 D:\node_demo\mydemo\src\components\HelloWorld.vue，删除所有代码，重新输入以下代码。在模板中访问从 setup()返回的代理对象时，会自动解包，不需要使用 count.value 读取被代理包装的值。

```
<template>
    <button @click="count++">{{count}}</button>
</template>
<script>
```

```
import {ref} from "vue"                        //导入 ref()函数
export default {                               //组件选项
    setup(){                                   //定义 setup()函数
        const count = ref(0);                  //为原始值创建一个响应式代理对象
        return{count,};                        //返回的对象会暴露给模板和组件实例
    },
};
</script>
```

可以在选项式 API 中访问组合式 API 暴露的值（包含 setup()函数的返回值），但反过来则不行，在 setup()函数内无法访问组件实例。示例 1 若使用选项式 API 编写，则代码如下：

```
<div id="app">
    <button @click="count++">{{count}}</button>
</div>
<script>
Vue.createApp({
    data(){
        return{count: 0}                       //实例数据选项
    }
}).mount('#app');
</script>
```

组合式 API 和选项式 API 可以混合使用，但是在生命周期内先执行组合式 API，后执行选项式 API，其余也以组合式 API 为优先。

【示例 2】下面的示例分别使用组合式 API 和选项式 API 初始化变量 count 和函数 add()。在浏览器中可以看到 count 初始值为 1，并调用组合式 API 中的 add()函数，演示效果如图 9.50 所示。

```
<div id="app">
    <button @click="add" class="btn btn-primary">单击递加：{{count}}
    </button>
</div>
<script>
const {ref, onMounted} = Vue                          //导入 Vue 库函数
Vue.createApp({
    setup(){
        const count = ref(0)                          //包装并初始变量 count 为 1
        const add = () => {count.value += 1}          //内部函数，递增 1
        onMounted(() => {console.log("组合式 API")})//挂载后执行
        return {count, add}                           //返回变量 count 和 add()函数
    },
    data(){                                           //实例数据
        return {count: 10}                            //初始变量 count 为 10
    },
    methods: {                                        //实例方法
        add(){this.count += 10}                       //递增变量 10
    },
    mounted(){console.log("选项式 API")}              //挂载后执行
}).mount('#app')
</script>
```

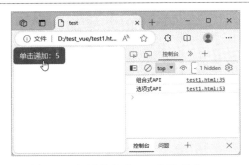

图 9.50　混用组合式 API 和选项式 API

setup()函数的第 1 个参数是组件的 props，与标准组件一样，setup()函数的 props 是响应式的，并且会在传入新的 props 时同步更新。例如：

```
{
    props: {title: String,},
    setup(props){console.log(props.title)}
}
```

📢 **注意**

如果解构了 props 对象，解构出的变量将会丢失响应性。

setup()函数的第 2 个参数是一个上下文对象，该上下文对象是非响应式的，可以安全地解构。上下文对象暴露了其他一些在 setup()函数中可能会用到的值。例如：

```
{
    setup(props, context){
        console.log(context.attrs)      //透传 Attributes（非响应式的对象，等价
                                        //于$attrs）
        console.log(context.slots)      //插槽（非响应式的对象，等价于$slots）
        console.log(context.emit)       //触发事件（函数，等价于$emit）
        console.log(context.expose)     //暴露函数，可以把内部变量变为公共属性
    }
}
```

setup()函数也可以返回一个渲染函数，此时在渲染函数中可以直接使用在同一作用域下声明的响应式状态。例如：

```
{
    setup(){
        const count = ref(0)                    //包装数字为代理对象，定义响应式状态
        return() => h('div', count.value)       //返回渲染函数
    }
}
```

返回一个渲染函数将会阻止返回其他内容，如果需要返回其他对象供实例使用，可以通过调用 expose()函数进行暴露。

【**示例 3**】下面的示例先定义一个组件 MyChild，在 setup()函数中初始化 count 对象和 increment()函数，并把 increment()函数暴露出去，返回一个渲染函数。

```
<div id="app">
    <button @click="add" class="btn btn-primary">child递加 1 次</button>
```

```
        <my-child ref="child"></my-child>
</div>
<script>
const {h, ref} = Vue                                    //导入 h 和 ref 函数
const Child = {
    setup(props, {expose}){
        const count = ref(10)                           //包装数字 10 为代理对象
        const increment = () => {count.value += 1}      //定义函数，递增变量 count
        expose({increment})                             //向外暴露 increment()函数
        return() => h('div', 'MyChild 组件' + count.value)  //返回渲染函数
    }
}
Vue.createApp({
    components: {MyChild: Child},                        //注册组件
    setup(){
        const child = ref()                             //代理包装
        const add = () => {child.value.increment()}//引用组件的 increment()
        return {child, add}
    }
}).mount('#app')
</script>
```

在父组件中可以通过 ref 获取子组件实例的属性和方法，需要注意以下事项。

（1）如果子组件是选项式 API 组件，基本不需要做任何操作。

（2）如果子组件是组合式 API 组件，需要通过 context.expose()函数暴露给父组件需要使用的属性和方法。

（3）如果父组件使用选项式 API，可以通过 this.$refs.refName 访问子组件暴露的属性和方法。

（4）如果父组件使用组合式 API，需要在 setup()函数中先创建 refName，然后再访问子组件暴露的属性和方法，如 const refName = ref(); refName.value.X。

9.7.3　reactive()函数

扫一扫，看视频

使用 reactive()函数可以创建响应式数据，从而使数据的变化能够自动触发关联数据的更新。该函数的参数为 JavaScript 对象，并返回一个响应式代理，该代理会自动追踪对象的属性变化。

【示例】下面的示例在 setup()函数中使用 reactive()函数定义一个响应式数据 state，包含一个属性 count，并且初始值为 0。然后通过 return 返回给实例，这样就可以在模板中访问和双向更新。

```
<template>
    <button @click="state.count++">{{state.count}}</button>
</template>
<script>
import {reactive} from "vue";                  //导入 reactive()函数
export default{                                 //组件选项
    setup(){                                    //定义 setup()函数
        const state = reactive({count: 0,});
        state.count++;
        return {state};                         //返回的对象会暴露给模板和组件实例
```

217

```
    },
};
</script>
```

使用该函数时应注意以下事项。

（1）避免不必要的嵌套，可以将嵌套的数据提升为响应式代理的顶层属性。

（2）reactive()只会追踪对象属性的变化，不会追踪对象本身的替换。因此如果替换了整个对象，Vue.js 不会响应这个变化。解决方法：使用 ref()函数包装对象，或者使用 toRefs()函数。

（3）当从 reactive()返回对象中的解构属性时，确保使用 toRefs()函数处理属性。这可以确保解构后的属性保持响应式。例如：

```
import {toRefs} from 'vue';
const state = reactive({
    count: 0,
});
const {count} = toRefs(state);                    //count 是响应式的
```

（4）使用 shallowReactive()函数处理嵌套对象。shallowReactive()只能使顶层属性响应式，但不能递归使嵌套属性响应式。例如：

```
import {shallowReactive} from 'vue';
const state = shallowReactive({
    user: {name: 'John', age: 30,},
});
state.user.name = 'Bob';                          //触发 UI 更新
state.user = {name: 'Alice', age: 25};            //不会触发 UI 更新
```

（5）避免在模板中使用响应式对象的方法。如果需要在模板中使用方法，建议使用 methods 或 computed。

（6）如果需要监听响应式对象的变化并执行特定的逻辑，可以使用 watch()函数，这样可以更细粒度地控制响应式数据的变化。

扫一扫，看视频

9.7.4　ref()函数

reactive()函数为一个 JavaScript 对象创建响应式代理，如果需要对一个原始值创建一个响应式代理对象，可以使用 ref()函数，该函数接收一个原始值，返回一个响应式对象。

【示例】ref()函数返回的对象包含一个 value 属性，通过该属性可以读取值，但在模板中已经被解包，所以不需要使用 a.value 访问。

```
<template>
    <button @click="a++">{{a}}</button>
</template>
<script>
import {ref} from "vue";                          //导入 ref()函数
export default {                                   //组件选项
    setup(){                                       //定义 setup()函数
        const a = ref(1);
        a.value = 2;                               //为 a.value 赋新值
        return {a};                                //返回的对象会暴露给模板和组件实例
    },
```

```
    };
    </script>
```

扫一扫，看视频

9.7.5 computed()函数

computed()函数用于创建一个计算属性，与选项式 API 中 computed 选项的功能相同。

【示例 1】 computed()函数可以接收一个 getter()函数，返回一个不可变的响应式对象，即只读计算属性。getter()函数是在读取数据时调用的，监测到数据变化后就自动执行。

```
<template>
    <p>原始字符串：{{str1}}</p>
    <p>反转字符串：{{str2}}</p>
</template>
<script>
import {ref, computed} from "vue";                //导入 ref()和 computed()函数
export default {                                   //组件选项
    setup(){                                       //定义 setup()函数
        const str1 = ref("Vue 3.0 组合式 API");    //把字符串包装为代理对象
        const str2 = computed(() =>                //定义计算属性
                str1.value.split("").reverse().join("")  //返回响应式对象：翻转
                                                   //str1 字符串
        );
        return {str1, str2,};                      //导出 ref 对象和计算属性
    },
};
</script>
```

【示例 2】 computed()函数也可以接收一个对象，该对象包含 getter()和 setter()函数，返回一个可手动修改的计算状态。

```
<template>
    <p>count = {{count}}</p>
    <p>change = {{change}}</p>
    <button @click="change=10">改变状态</button>
</template>
<script>
import {ref, computed} from "vue";                //导入 ref()和 computed()函数
export default {                                   //组件选项
    setup(){                                       //定义 setup()函数
        const count = ref(1);                      //定义 ref 对象
        const change = computed({                  //定义计算属性
            get: () => count.value + 1,            //读取
            set: (val) => {count.value = val - 1;},  //写入
        });
        return {count, change};                    //导出 ref 对象和计算属性
    },
};
</script>
```

9.7.6 watch()和 watchEffect()函数

watch()函数可以监听指定数据的变化，并按需执行一些任务，与选项式 API 中 watch 选

扫一扫，看视频

项的功能相同。watch()函数包含两个参数，第 1 个参数为要监听的数据，第 2 个参数为要执行的回调函数。其语法格式如下：

```
watch(oldVal, (newVal, oldVal) => {
    //执行任务
})
```

监听的值可以为单个数据，也可以为多个数据，当为多个数据时，应该以数组形式传递，对应的新值也将为数组形式。

【示例 1】下面的示例使用 watch()函数监听文本框的输入值，当输入框内容为空时，隐藏某个组件；当输入框内容不为空时，显示某个组件。

```
<template>
    <input type="text" v-model="userInput">
    <div v-if="showComponent">显示组件内容</div>
</template>
<script>
import {watch, ref} from 'vue'              //导入所需要的函数
export default {
    setup(){
        const userInput = ref('')           //文本框输入内容
        const showComponent = ref(false)    //监测变量
        watch(userInput, (newVal) => {      //根据文本框输入变化，决定是否显示组件
            if (newVal === '') {showComponent.value = false}
            else {showComponent.value = true}
        })
        return {userInput, showComponent}    //导出文本框内容和布尔变量
    }
}
</script>
```

【示例 2】watchEffect()函数与 watch()函数的行为相同，但没有提供旧值和新值的访问，只要数据变化就会自动执行回调函数。

```
<script>
import {watchEffect, ref} from 'vue'
export default{
    setup(){
        const count = ref(0)
        watchEffect(() => {
            console.log('Count is: ${count.value}')
        })
        return {count}
    }
}
</script>
```

扫一扫，看视频

9.7.7　toRef()和 toRefs()函数

ref()、toRef()和 toRefs()函数都可以将指定对象的属性包裹为响应式数据。ref()函数的本

质是复制操作，修改响应式数据不会影响到原始数据，视图会更新；而 toRef()和 toRefs()函数的本质是引用操作，修改响应式数据会影响到原始数据，视图会更新。

（1）toRef()函数一次仅能操作一个数据，该函数接收两个参数：第 1 个参数是对象；第 2 个参数是对象的属性，以字符串形式传递。

（2）toRefs()函数接收一个对象作为参数，它会遍历对象的所有属性，然后调用 toRef()函数把每个属性都包裹为响应式数据。

【示例 1】下面的示例简单演示 toRef()函数的应用。当修改包裹后的属性值后，原对象的属性值也会随之变化。

```
import {toRef} from "vue";
export default {
    setup(){
        let msg = {name: "zs", age: 16};        //定义一个对象
        let msg2 = toRef(msg, "name");          //把对象的 name 包裹为 ref 对象
        console.log(msg2.value);                //zs
        function change2(){
            msg2.value = "ww";                  //修改 msg2 的值
            console.log(msg, msg2.value);       //{name: "ww", age: 16} ww
        }
        change2();                              //调用函数
        return {msg2, change2};                 //导出数据 msg2 和函数 change2()
    },
};
```

toRefs()函数是 toRef()函数的升级版，它能够把响应式对象转换为普通对象，并把对象中的每一个属性包裹成响应式对象。当返回响应式对象时使用 toRefs()函数非常有效，该函数可以让组件解构返回的对象，并且不会丢失响应性。

【示例 2】下面的示例设计一个动态时间显示牌，利用 toRefs()函数把时间数据包裹为响应式对象，配合定时器实现实时更新。

```
<template>
    <div>{{timeMsg}}</div>
</template>
<script>
import {reactive, toRefs, onMounted} from "vue";        //导入函数
export default {
    setup(){
        const state = reactive({    //reactive 响应式，包裹普通对象为响应式对象
            timeMsg: new Date(),    //读取当前时间
        });
        onMounted(() => {
            setInterval(function(){  //定时 1s 读取时钟一次，改变数据
                state.timeMsg = new Date().toLocaleString().replace(/\//g,'-');
            }, 1000);
        });
        return {...toRefs(state),}   //解构对象并把属性包裹为响应式对象
    },
};
</script>
```

9.8　案　例　实　战

扫一扫，看视频

9.8.1　设计单文件组件 props 信息传递

【案例】prop 属性可用于父组件向子组件进行单向通信（父组件向子组件传值），传递的可以是字符串、表达式，也可以是一个对象、数组，甚至是一个布尔值。本案例演示在单文件组件中如何把信息从父组件传递给子组件。

（1）参考 9.4.1 小节中的操作步骤新建一个项目 demo1。

（2）打开 src\App.vue 文件，清除所有默认代码，重新编写如下代码。在父组件的 `<HelloWorld>` 标签上定义动态属性，值就是要传递的数据。

```
<template>
    <h1>{{title}}</h1>
    <main>
        <HelloWorld :pMsg='msg' :pExpression='msgExp' :pObj='msgObj'
        :pObjMsg='msgObj.msg2' :pArray='msgArray' :pIsBoolean='isMsg'>
        </HelloWorld>
    </main>
</template>
<script>
import HelloWorld from './components/HelloWorld.vue';
export default {
    name: 'App',
    components: {HelloWorld,},
    data(){
        return {
            title: '父组件',
            msg: '父组件单向传递的数据。',
            msgExp: 'props 可以是一个表达式。',
            msgObj: {
                msg1: 'props 可以是一个对象。',
                msg2: 'props 也可以单独传递一个对象属性。',
            },
            msgArray: [
                {id: 1, msg: 'props 可以是一个数组。',},
                {id: 2, msg: '一般结合 v-for 来循环渲染。',},
                {id: 3, msg: '使用 v-for 时别忘了给 key 赋值。',}
            ],
            isMsg: true
        }
    }
}
</script>
<style>
main {margin-left: 1em;}
</style>
```

（3）打开 src\components\HelloWorld.vue 文件，清除所有默认代码，重新编写如下代码，并在子组件中通过 props 属性接收传递过来的值。

```
<template>
    <h1>{{title}}</h1>
    <ol>
        <li>{{pMsg}}</li>
        <li>{{pExpression}}</li>
        <li>{{pObj.msg1}}</li>
        <li>{{pObj.msg2}}</li>
        <li v-for='item in pArray' :key='item.id'> {{item.msg}} </li>
        <li>props 也可以是布尔类型，一般结合 v-if 和 v-else 使用。</li>
        <li v-if='pIsBoolean'>pIsBoolean 是 true。</li>
        <li v-else>pIsBoolean 是 false。</li>
    </ol>
</template>
<script>
export default {
    props: ['pMsg', 'pExpression', 'pObj', 'pObjMsg', 'pArray', 'pIsBoolean'],
    data(){return {title: '子组件'}}
}
</script>
<style scoped>
li{font-size: 1.2em; margin-bottom: 0.5em;}
</style>
```

（4）启动项目。使用 cd demo1 命令进入项目目录，然后使用 npm run serve 命令启动项目。项目启动成功后，在浏览器地址栏中输入 http://localhost:8080/，即可打开项目，演示效果如图 9.51 所示。

图 9.51　在浏览器中打开项目

9.8.2　设计记事本

【案例】本案例设计一个简单的记事本。在页面中显示一个文本框，允许输入需要记录的内容，然后按 Enter 键把输入的内容加入记事本。单击某一条记录后面的"删除"按钮，可以删除对应记录。在记录内容的最下方显示记录总条数。单击"清除所有记录"按钮，可以清除所有记录，并隐藏最下方的条数和"清除所有记录"按钮，演示效果如图 9.52 所示。

扫一扫，看视频

图 9.52　简单的记事本项目

主要模板代码和组件代码如下：

```
<template>
    <header id="top">
        <h2>记事本</h2>
        输入内容: <input type="text" v-model="data.mrvalue" @keyup.enter="add"/>
        （按 Enter 键添加）
        <ul id="lb">
            <li v-for="(item, index) in data.list" :key="index"> <!-- v-for
            循环列出列表-->
                <span id="xh">{{ index + 1 }}</span>         <!--序号-->
                <span>{{ item }}</span>                      <!--列表内容-->
                <button id="qc" @click="remove(index)">删除</button>
                <!--传入序号-->
            </li>
            <span v-if="data.list.length != 0"><!--v-if 指令当不等于 0 时显示-->
                条数: {{data.list.length}}</span>
            <button @click="clear" v-show="data.list.length != 0" id="clear">
            清除所有记录</button>                    <!-- v-show 指令当不等于 0 时显示 -->
        </ul>
    </header>
</template>
<script>
import {reactive, toRefs} from 'vue'
export default {
    setup(){
        const state = reactive({                            //包装为响应式对象
            data: {                                         //初始数据
                list: ["学习", "实习", "补习"],
                mrvalue: "在此输入记事内容"
            }
        })
        const add = () => state.data.list.push(state.data.mrvalue)
                                                            //添加记录
        const remove = (index) => state.data.list.splice(index, 1);
                                                            //移除指定序号的记录
        const clear = () => state.data.list = []            //清除所有
        return {...toRefs(state), add, remove, clear}       //导出数据和方法
    }
}
</script>
```

9.8.3 设计即时查询

【案例】 本案例设计一个文本框，当在文本框中输入要查询的关键字时，使用计算属性函数在数据文件中找出包含输入的关键字的列表。例如，当输入的关键字为空时，列出数据文件中的所有数据，演示效果如图 9.53（a）所示；当输入的关键字是 Before 时，则列出包含 Before 关键字的查询结果，演示效果如图 9.53（b）所示。

（a）　　　　　　　　　　　　　　　　　　（b）

图 9.53　即时查询项目

在 Vue CLI 脚手架的 public 目录中创建 test.json 文件，包含数据如下：

```
{"list":["setup()","onBeforeMount()","onMounted()","onBeforeUpdate()",
"onUpdated()", "onBeforeUnmount()","onUnmounted()"]}
```

主要模板代码和组件代码如下：

```
<template>
    <div class="box">
        <p>请输入书籍关键字：<input type="text" v-model="mytext"/></p>
        <p>查询结果: </p>
        <ul><li v-for="(item, index) in computedList" :key="index">
        {{item}}</li></ul>
    </div>
</template>
<script>
import {reactive, toRefs, computed, onMounted} from 'vue'
export default {
    setup(){
        const state = reactive({mytext: '', list: []})
        onMounted(() => {                         //组件挂载之后，请求数据
            fetch('/test.json')                   //发出异步请求
                .then(res => res.json())
                .then(res => {state.list = res.list})
        })
        const computedList = computed(() => {     //定义计算属性
            const newlist = state.list.filter(item => item.includes
            (state.mytext))
            return newlist                        //返回查询列表
        })
        return {...toRefs(state), computedList}   //导出数据和计算数据
    }
}
</script>
```

9.9 本 章 小 结

本章主要讲解了 Vue 开发环境的搭建。首先介绍了 Node.js 的安装过程，针对如何在 npm 基础上安装 Vue CLI 脚手架，以及如何创建 Vue 项目进行了讲解，带领读者了解了 Vue 项目的结构；然后详细讲解了单文件组件的结构与特点；最后讲解了组合式 API 开发的基本方法和常用函数。

9.10 课 后 习 题

一、填空题

1．Vue CLI 俗称_____，是一个以_____为核心，以_____为终端，进行快速开发的完整系统。

2．Vue CLI 包含 3 个独立的部分：_____、_____、_____。

3．_____是 JavaScript 在服务器端的运行时环境。使用 Vue CLI 之前，需要先安装该软件。

4．Vue CLI 是基于 Node.js 开发出来的工具，因此需要在终端使用_____命令将它安装为全局可用的工具。

5．在命令行终端输入_____命令可以创建 Vue 项目。

二、判断题

1．使用 vue create -help 命令可以了解 Vue 相关的详细信息。　　　　（　　）

2．使用 vue ui 命令可以以图形化界面创建和管理项目。　　　　　　（　　）

3．在项目文件夹中，node_modules 包含了所有项目依赖的模块。　　（　　）

4．src 文件夹包含了项目应用程序的入口文件（HTML 文件）以及其他不需要经过 webpack 编译的公共静态文件。　　　　　　　　　　　　　　　　　　　　（　　）

5．在发布代码时，项目下的 public 文件夹都不会发布。　　　　　　（　　）

三、选择题

1．在 Vue CLI 项目中，（　　）文件夹用于存放全局和局部组件。
    A．assets　　　　　　B．components　　C．views　　　　　　D．utils

2．执行 npm install 命令会根据（　　）文件下载所需要的依赖。
    A．package.json　　B．jsconfig.json　　C．package-lock.json　D．vue.config.js

3．在 Vue CLI 项目中，（　　）文件是主组件，所有页面都在其中进行切换。
    A．index.html　　　B．main.js　　　　C．App.vue　　　　　D．HelloWord.vue

4．每一个.vue 文件包含 3 种类型的顶级语言块，（　　）不属于顶级语言块。
    A．<template>　　B．<script>　　　C．<style>　　　　　D．<html>

5．在组合式 API 中，（　　）函数是入口函数。
    A．setup()　　　　　B．ref()　　　　　C．reactive()　　　　D．computed()

四、简答题

1. 简述 Vue 单文件组件的结构特点。
2. 谈谈你对组合式 API 的认识。

五、编程题

使用组合式 API 制作购物车列表，要求单击"+""–"按钮可以改变当前商品数量，数量为 0 时，减号按钮不可用。数量改变时，相对应的总价也会重新计算，类似效果如图 9.54 所示。

图 9.54　购物车列表

第 10 章　Vue 路由和状态管理

【学习目标】

- ❯ 掌握路由的安装和基本用法。
- ❯ 正确使用动态路由及路由嵌套。
- ❯ 掌握命名路由、命名视图、编程式导航、参数传递等知识点。
- ❯ 能够正确安装和使用 Vuex 插件。

Vue+Vue Router 是构建单页 Web 应用的核心技术，使用 Vue.js 组件定制应用视图，使用 Vue Router 将视图映射到路由上，通过 Vue Router 实现视图切换和导航。Vuex 是一个数据管理的插件，是实现组件全局状态（数据）管理的一种机制，它可以方便地实现组件之间数据的共享。本章将介绍路由的安装和用法，并使用动态路由、嵌套路由、命名路由和命名视图进行应用设计，以及 Vuex 的安装和基本用法。

10.1　路 由 管 理

10.1.1　认识路由

路由就是 URL 根据不同的请求展示不同的页面内容。在 Web 应用开发中，路由分为后端路由和前端路由。

1. 后端路由

在多页 Web 应用中，不同页面之间的跳转都需要客户端向服务器发起请求，服务器处理请求后向浏览器推送页面。

后端路由就是 URL 请求地址映射到服务器端上的某些资源。后端路由有以下特点。

（1）浏览器每次跳转到不同的 URL 地址都会重新访问服务器。

（2）服务器根据前端的路由返回不同的数据或 HTML 页面。

2. 前端路由

在单页 Web 应用中，整个项目只有一个 HTML 文件，当用户切换页面时，只是通过对这个 HTML 文件进行动态重写，从而达到响应请求。由于访问的页面并不是真实存在的，页面间的跳转都是在浏览器端完成，这就需要用到前端路由。

前端路由就是 URL 请求地址映射到浏览器上的某些资源。前端路由通过一定的技术手段，在跳转路由时不再向服务器端发送请求，而是在浏览器端进行处理，通过不同的 URL 映射不同的页面内容。

10.1.2　认识 vue-router

vue-router 是 Vue 官方推出的路由管理插件，与 Vue.js 库深度集成，适合用于构建单页

Web 应用。主要用于管理 URL，实现 URL 与组件的对应，以及通过 URL 进行组件之间的切换，从而使构建单页 Web 应用变得更加简单。

在多页 Web 应用中，使用大量超链接实现页面切换和跳转。在 vue-router 单页 Web 应用中，既是路径之间的切换，又是组件之间的切换。路由模块的本质就是建立 URL 与组件之间的映射关系。

单页 Web 应用的核心之一是更新视图而不重新请求页面。vue-router 在实现单页面前端路由时提供了两种模式：hash 模式和 history 模式，只需根据 mode 参数进行设置。

1．hash 模式

vue-router 默认 hash 模式，使用 URL 的 hash 来模拟一个完整的 URL，当 URL 改变时，页面不会重新加载。hash（#）是 URL 的锚点，表示网页中的一个位置，如果仅改变"#"后的部分，浏览器只会滚动到相应位置，不会重新加载网页。

"#"用于指导浏览器动作，对服务器端完全无用。同时，每一次改变"#"后的部分，都会在浏览器的访问历史中增加一条记录，使用"后退"按钮，就可以回到上一个位置。因此，hash 模式通过锚点值的改变（根据不同的锚点值）渲染指定 DOM 位置的不同数据。

2．history 模式

由于 hash 模式会在 URL 中自带"#"，如果不想这样，可以用路由的 history 模式，只需在配置路由规则时加入 mode: 'history'，这种模式充分利用 history.pushState API 来完成 URL 跳转，无须重新加载页面。

10.1.3　使用路由

扫一扫，看视频

1．在单个网页中使用路由

【示例 1】在单个 HTML 页面中使用路由的基本步骤如下：

（1）将 Vue Router 插件添加到 HTML 页面。可以直接引用 CDN 方式添加前端路由。

```
<script src="https://unpkg.com/vue-router@next"></script>
```

（2）使用<router-link>标签设置导航链接。

```
<router-link to="/home">首页</router-link>
<router-link to="/api1">全局 API</router-link>
<router-link to="/api2">组合式 API</router-link>
```

提示

<router-link>标签默认渲染为<a>标签，如果生成其他 HTML 标签，可以使用 v-slot 定制<router-link>。例如，生成按钮标签的代码如下：

```
<router-link to="/api1" custom v-slot="{navigate}">
    <button @click="navigate" @keypress.enter="navigate">全局 API
    </button>
</router-link>
```

（3）使用<router-view>标签设置内容渲染的位置。当单击<router-link>标签时，会在<router-view>所在的位置渲染组件的模板内容。

```
<div class="container">
    <router-view ></router-view>
</div>
```

（4）定义组件。下面定义 3 个简单的组件。

```
const home={template:'<div>主页内容</div>'};
const list={template:'<div>我不践斯境，岁月好已积。晨夕看山川，事事悉如昔。
</p></div>'};
const about={template:'<div>需要技术支持请联系作者微信 codehome6</div>'};
```

（5）定义路由。在路由中将链接和组件捆绑起来。

```
const routes=[
    {path:'/home',component:home},
    {path:'/list',component:list},
    {path:'/about',component:about},
];
```

（6）创建 Vue Router 实例，将步骤（5）定义的路由作为选项传递给实例。

```
const router= VueRouter.createRouter({
    history:VueRouter.createWebHashHistory(), //设置 history，这里使用 hash history
    routes                                    //简写，相当于 routes: routes
});
```

（7）在 Vue.js 实例中调用 use()方法，传入步骤（6）创建的 router 对象，从而让整个应用程序使用路由。在浏览器中预览，演示效果如图 10.1 所示，完整代码可以参考本小节示例源代码。

```
Vue.createApp({}).use(router).mount('#app');
```

图 10.1　在单个网页中使用路由

2．在 Vue 开发环境中使用路由

【示例 2】在 Vue 开发环境中使用路由的基本步骤如下。

（1）在当前项目目录下安装 vue-router 插件。安装命令如下：

```
npm install vue-router
```

（2）在 main.js 中导入 vue-router 插件的 createRouter、createWebHashHistory 函数。

```
import {createRouter, createWebHashHistory} from 'vue-router'
```

（3）创建路由对象并配置路由规则。路由规则通过 routes 选项设置，其值为一个数组，数组元素为对象，包含 path、component 等设置选项，其中 path 定义路径，component 定义组件。

```
import HomeView from './views/HomeView.vue'      //导入视图组件
import API1View from './views/API1View.vue'      //导入视图组件
import API2View from './views/API2View.vue'      //导入视图组件
const routes = [                                 //设置 routes 选项
    {path: '/home', component: HomeView},
    {path: '/api1', component: API1View},
    {path: '/api2', component: API2View},
];
const router = createRouter({                     //创建路由对象
    history: createWebHashHistory(),
    routes                                       //配置路由规则
})
```

（4）使用 use()方法将路由对象传递给 Vue 实例。

```
createApp(App).use(router).mount('#app')
```

（5）在 App.vue 组件中使用<router-link>、<router-view>标签设置路由链接和路由内容渲染位置。在<router-link>标签中通过 to 属性设置具体路径。

```
<template>
    <div class="tab">
        <router-link to="/home" class="tablinks">首页</router-link>
        <router-link to="/api1" class="tablinks">全局 API</router-link>
        <router-link to="/api2" class="tablinks">组合式 API</router-link>
    </div>
    <div class="tabcontent">
        <router-view></router-view>
    </div>
</template>
```

（6）使用 npm run serve 命令运行项目，在浏览器中预览，演示效果如图 10.1 所示，完整代码可以参考本小节示例源代码。

10.1.4 嵌套路由

嵌套路由就是在路由里面嵌套子路由。嵌套子路由的关键属性是 children，children 也是一组路由，相当于 routes 选项。children 可以像 routes 一样配置路由数组。每一个子路由里面可以嵌套多个组件。子组件又有路由导航和路由容器。

```
<router-link to="/父路由地址/子路由地址">链接对象</router-link>
```

当使用 children 属性设置子路由时，子路由的 path 属性前不要带"/"，否则会永远以根路径开始请求，这样不便理解 URL 地址。

【示例】以 10.1.3 小节的示例 1 为基础，在 api1 组件中创建一个导航，导航包含 app.mount()和 app.use()两个选项，分别对应 sub1 和 sub2 组件。在构建 URL 时，应将该地址置于/api1 后面。在 api1 组件中添加一个 router-view 标签，用于渲染出嵌套的组件内容。

（1）新增一段模板代码。

```
<template id="apil">
```

```
    <div>
        <h3>全局 API</h3>                          <!--生成嵌套子路由地址-->
        <div><router-link to="/api1/sub1">app.mount()</router-link></div>
        <div><router-link to="/api1/sub2">app.use()</router-link></div>
        <div>                                      <!--生成嵌套子路由渲染节点-->
            <router-view></router-view>
        </div>
    </div>
</template>
```

（2）定义两个组件，用于嵌套路由使用。

```
const sub1 = {template: '<div><img src="4.png"></div>'};
const sub2 = {template: '<div><img src="5.png"></div>'};
```

（3）修改 routes 配置选项，在 path: '/api1'路径下，设置组件为 component: { template: '#api1'，即把模板<template id="api1">绑定到当前路径上。同时使用 children 选项新增两个子路由，配置嵌套路由信息。

```
const routes = [
    {path: '/', redirect: '/api1'},            //路由重定向，当路径为"/"时，重
                                               //定向到 api1 路径
    {path: '/home', component: home},
    {path: '/api1', component: {template: '#api1'}, children: [
                                               //嵌套子路由
            {path: 'sub1', component: sub1},
            {path: 'sub2', component: sub2},]
    },
    {path: '/api2', component: api2},
];
```

（4）在浏览器中预览，演示效果如图 10.2 所示，完整代码可以参考本小节示例源代码。

图 10.2　设计嵌套路由效果

扫一扫，看视频

10.1.5　命名路由

如果路由的 URL 地址很长，使用时会非常不方便，这时可以考虑为路由标识一个名称。通过在 routes 配置中给路由添加 name 选项，设置路由名称，从而方便调用路由。具体语法格式如下：

```
{path: '/api2', name: 'api2', component: api2},
```

使用命名路由时，只需给<router-link>标签的 to 属性动态绑定一个对象，在对象中通过 name 设置跳转的路由地址。具体语法格式如下：

```
<router-link :to="{name: api2}">链接文本</router-link>
```

【示例】在 10.1.4 小节的示例中，<router-link to="/api1/sub1">app.mount()</router-link>中的路由地址比较长，很容易出错。本示例为子路由配置项添加 name 属性，代码如下：

```
const routes = [
    {path: '/', redirect: '/api1'},          //路由重定向，当路径为 "/" 时，重
                                             //定向到 api1 路径
    {path: '/home', component: home},
    {path: '/api1', component: {template: '#api1'}, children: [
                                             //嵌套子路由
            {path: 'sub1', name:"sub1", component: sub1},
            {path: 'sub2', name:"sub2", component: sub2},]
    },
    {path: '/api2', component: api2},
];
```

然后在模板中修改<router-link>标签中的 to 属性，以动态绑定的形式传入一个对象，设置 name 选项为上一步设置的路由名称。代码如下：

```
<div><router-link :to="{name:'sub1'}">app.mount()</router-link></div>
<div><router-link :to="{name:'sub2'}">app.use()</router-link></div>
```

10.1.6　命名视图

扫一扫，看视频

在构建路由信息时，会用到两个特殊的标签：<router-link>和<router-view>。通过<router-link>标签定义路由路径，通过<router-view>标签指定组件在什么位置渲染显示。

当需要在一个页面上显示多个组件时，就需要在页面中添加多个<router-view>标签。为了避免渲染混乱，可以为<router-view>标签设置 name 属性。然后，在构建路由与组件的对应关系时，以 name:component 的形式构造一个组件对象，指明在哪个<router-view>标签中加载组件。如果没有设置 name 属性，则 name 属性默认为 default。

【示例】下面的示例演示在同一个页面中包含 3 个视图（<router-view>标签），通过命名视图实现同步渲染，演示效果如图 10.3 所示。

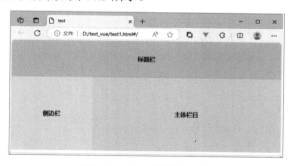

图 10.3　命名视图的应用

（1）使用 name 属性为视图命名，第 1 个视图没有名称，则默认为 default。

```
<div id="app">
```

```
    <router-view></router-view>
    <router-view name="aside"></router-view>
    <router-view name="main"></router-view>
</div>
```

（2）定义路由跳转的组件模板。

```
const header = {template: '<header class="header">标题栏</header>'}
const aside = {template: '<aside class="sidebar">侧边栏</aside>'}
const main = {template: '<main class="main">主体栏目</main>'}
```

（3）定义路由信息。

```
const routes = [{path: '/', components: {        //为每个组件绑定与之对应的视图
        default: header,                          //默认在第 1 个视图中渲染标题栏模板
        aside: aside,                             //在 aside 视图中渲染侧边栏模板
        main: main                               //在 main 视图中渲染主体栏目模板
    }
}];
```

（4）实例化路由，并传递给 Vue 实例。

```
const router = VueRouter.createRouter({
    history: VueRouter.createWebHashHistory(),
    routes                                       //简写，相当于 routes: routes
});
Vue.createApp({}).use(router).mount('#app');
```

扫一扫，看视频

10.1.7　在路由中传递参数

在提交表单、组件跳转操作时，经常需要使用上一个表单、组件的数据，因此在定义路由信息时，可以通过占位符（:参数名）的方式将要传递的参数指定到路由地址中。

【示例】下面结合一个示例简单演示参数在不同视图之间进行传递。

（1）设计 3 个模板，分别为<template id="main">、<template id="form">和<template id="info">。其中，<template id="form">为表单视图，<template id="info">为表单提交信息显示视图。

```
<template id="main">
    <router-view></router-view>
</template>
<template id="form">
    <form>
        <label for="email">邮箱</label>
        <input type="email" id="email" placeholder="输入电子邮件" v-model=
        "email">
        <label for="pass">密码</label>
        <input type="password" id="pass" placeholder="输入密码" v-model=
        "password">
        <button type="submit" @click="submit">提交</button>
    </form>
</template>
<template id="info">
```

```
    <h2>输入的信息</h2>
    <blockquote>
        <p>邮箱：{{$route.params.email}} </p>
        <p>密码：{{$route.params.password}}</p>
    </blockquote>
</template>
```

使用$route.params 可以获取路由参数信息。$route.params.email 表示 email 参数的值，$route.params.password 表示 password 参数的值。

（2）定义路由需要的 3 个组件，并为表单组件定义实例数据和实例方法。

```
const main = {template: '#main'}              //主体组件
const form = {template: '#form',              //表单组件
    data: function(){                          //表单组件的数据
        return {                               //实例变量，初始为空
            email: '',
            password: ''
        }
    },
    methods: {                                 //实例方法
        submit: function(){                    //提交表单处理方法
            this.$router.push({                //把参数信息推入 history 栈中
                name: 'info',                  //跳转的路径名称
                params: {                      //传递的参数信息
                    email: this.email,
                    password: this.password
                }
            })
        }
    },
}
const info = {template: '#info'}              //参数信息提示组件
```

（3）定义路由信息。包含 3 个嵌套路由，当路径为'info/'时，使用:email/:password 语法在路径末尾追加参数信息。

```
const routes = [{
    path: '/',
    components: {main: main},
    children: [{path: '', redirect: 'form'},
        {path: 'form', name: 'form', component: form},
        {path: 'info/:email/:password', name: 'info', component: info}]
}];
```

（4）实例化路由，并传递给 Vue 实例，演示效果如图 10.4 所示。

```
const router = VueRouter.createRouter({
    history: VueRouter.createWebHashHistory(),
    routes                                     //相当于 routes: routes
});
Vue.createApp({}).use(router).mount('#app');
```

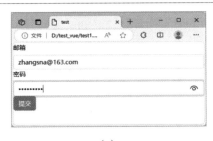

（a）　　　　　　　　　　　　　　　　　　（b）

图 10.4　在路由中传递参数

扫一扫，看视频

10.1.8　编程式导航

在前面的开发中，当进行页面切换时，都是通过<router-link>标签来实现的，这种方式属于声明式导航。为了在项目中更方便地开发导航功能，Vue 提供了编程式导航，即利用 JavaScript 代码来实现地址的跳转。

在使用 Vue Router 时，已经将 Vue Router 的实例挂载到了 Vue 实例上，可以借助$router 的实例方法，通过编写 JavaScript 代码的方式实现路由间的跳转，而这种方式就是一种编程式的路由导航。在 Vue Router 中有 3 种导航方法：push()、go()和 replace()。常用的<router-link>标签导航就等同于执行了一次 push()方法。

1．push()方法

当需要跳转新页面时，可以通过 push()方法将一条新的路由记录添加到浏览器的 history 栈中。借助 history 自身特性驱使浏览器进行页面跳转。同时在 history 会话历史中会一直保留着这个路由信息，所以后退时可以退回到当前的页面。

push()方法的参数可以是一个字符串路径，或者是一个描述地址的对象，该方法等同于调用了 history.pushState()方法。具体语法格式如下：

```
this.$router.push('url')                            //字符串 URL
this.$router.push({path: 'url'})                    //对象，包含 path 字段，值为字符串 URL
this.$router.push({path: 'url', query:{id: '123'}})
                                                    //对象，包含 path 字段和参数字段
```

📢 注意

当传递的参数为一个对象且 path 与 params 共同使用时，对象中的 params 属性不起任何作用，需要采用命名路由的方式进行跳转，或者是直接使用带有参数的全路径。例如：

```
this.$router.push({name: 'url', query:{id: '123'}})    //以命名路由的方式传递
this.$router.push({path: '/url/123'})                  //使用带有参数的全路径
```

2．go()方法

使用 go()方法可以在 history 记录中前进或后退一定步数，即通过 go()方法可以在已经存储的 history 路由历史中来回跳转。

```
this.$router.go(-1);                               //相当于调用 history.back()
this.$router.go(1);                                //相当于调用 history.forward()
```

3. replace()方法

replace()方法也可以实现路由跳转的目的。与 push()方法在 history 栈中新增一条记录不同，replace()方法会替换掉当前的记录，因此无法通过后退按钮再回到被替换前的页面。

【示例】下面的示例简单演示了如何使用 JavaScript 代码控制路由跳转，演示效果如图 10.5 所示。

（a）

（b）

图 10.5　使用 JavaScript 代码控制路由跳转

（1）使用<button>标签定义一组按钮，同时使用<router-view>标签定义渲染位置。

```
<div id="app">
    <div class="btn-group">
        <button @click="goFirst">第 1 页</button>
        <button @click="goSecond">第 2 页</button>
        <button @click="goThird">第 3 页</button>
        <button @click="goFourth">第 4 页</button>
        <button @click="next">前进</button>
        <button @click="pre">后退</button>
        <button @click="replace">替换当前页</button>
    </div>
    <div class="alert alert-warning">
        <router-view></router-view>
    </div>
</div>
```

（2）在实例选项中定义一组方法，分别调用 this.$router.push()方法添加路由。

```
const vm = Vue.createApp({
    methods: {
        goFirst: function(){                          //切换到第 1 页
            this.$router.push({path: '/first'})
        },
        goSecond: function(){                         //切换到第 2 页
            this.$router.push({path: '/second'})
        },
        goThird: function(){                          //切换到第 3 页
            this.$router.push({path: '/third'})
        },
        goFourth: function(){                         //切换到第 4 页
            this.$router.push({path: '/fourth'})
        },
        next: function(){this.$router.go(1)},         //前进
        pre: function(){this.$router.go(-1)},         //后退
        replace: function(){
            this.$router.replace({path: '/special'})  //替换当前路由
```

237

```
        }
    },
    router: router
});
```

（3）定义模板和路由信息。

```
const first = {template: '<h3>黄河远上白云间，</h3>'};
const second = {template: '<h3>一片孤城万仞山。</h3>'};
const third = {template: '<h3>羌笛何须怨杨柳，</h3>'};
const fourth = {template: '<h3>春风不度玉门关。</h3>'};
const special = {template: '<h3>凉州词-王之涣</h3>'};
const routes = [                                    //定义路由信息
    {path: '/first', component: first},
    {path: '/second', component: second},
    {path: '/third', component: third},
    {path: '/fourth', component: fourth},
    {path: '/special', component: special}
];
```

（4）实例化路由，并传递给 Vue 实例，演示效果见图 10.5。

```
const router = VueRouter.createRouter({
    history: VueRouter.createWebHashHistory(),
    routes                                          //相当于 routes: routes
});
Vue.createApp({{}).use(router).mount('#app');
```

10.2 状 态 管 理

10.2.1 认识 Vuex

在实际开发项目中，经常会遇到多个组件需要访问同一数据的情况，并且都需要根据数据的变化作出响应，而这些组件之间可能并不是父子组件这种简单的关系。在这种情况下，就需要一个全局的状态管理方案。

Vuex 是一个专为 Vue.js 应用程序开发的状态管理库，它采用集中式存储管理应用的所有组件的数据，并以相应的规则保证数据以一种可预测的方式发生变化。

使用 Vuex 统一管理数据有以下 3 个好处。

（1）能够在 Vuex 中集中管理共享的数据，易于开发和后期维护。

（2）能够高效地实现组件之间的数据共享，提高开发效率。

（3）存储在 Vuex 中的数据是响应式的，能够实时保持数据与页面的同步。

Vuex 与全局对象有以下两点不同。

（1）Vuex 的状态存储是响应式的。当 Vue 组件从 store 中读取数据时，如果 store 中的状态发生变化，那么相应的组件也会得到高效更新。

（2）不能直接改变 store 中的数据。改变 store 中数据的唯一途径就是显式地提交（commit）mutation。这样可以方便地跟踪每一个数据的变化。

如果不打算开发大型单页应用，使用 Vuex 可能是烦琐冗余的。如果应用比较简单，最好不要使用 Vuex，一个简单的 store 模式就足够了。但是，如果需要构建一个中大型单页应用，那么可能要考虑如何更好地在组件外部管理数据，Vuex 将会成为自然而然的选择。

一般情况下，只有组件之间共享的数据才有必要存储到 Vuex 中，对于组件中的私有数据，存储在组件自身的 data 选项中即可。

10.2.2　安装 Vuex

安装 Vuex 有两种方式：第 1 种是通过<script>标签导入 vuex.js 文件；第 2 种是使用 npm 或 yarn 命令安装。

1. 通过<script>标签导入 vuex.js 文件

从 Vue 官方网站获取 vuex.js 的下载文件，下载后在页面中导入 vuex.js 文件即可，或者使用 CDN 方式在线安装。

```
<!--导入最新版本-->
<script src="https://unpkg.com/vuex@next"></script>
<!--导入指定版本-->
<script src="https://unpkg.com/vuex@4.0.0"></script>
```

2. 使用 npm 或 yarn 命令

在使用 Vue 脚手架开发项目时，可以使用 npm 或 yarn 命令安装 Vuex。

```
npm install vuex@next --save
yarn add vuex@next --save
```

安装完成之后，还需要导入 createStore，并调用该方法创建一个 store 实例，然后使用 use()方法安装 Vuex 插件。

```
import {createApp} from 'vue'
import {createStore} from 'vuex'          //导入 createStore
const store = createStore({               //创建一个 store 实例
    state: {},                            //设置状态数据
})
createApp(App).use(store).mount('#app')   //安装 Vuex 插件
```

10.2.3　使用 Vuex

1. 单文件导入使用

【示例 1】创建 Vuex 实例对象之后，可以设置 state 状态数据，该数据为响应式的。通过 this.$store.state.name 可以共享数据。

```
<script src="vue.js/vuex@4.0.2.global.js"></script>
<div id="app">
    <p>{{this.$store.state.name}}</p>
</div>
<script>
const store = Vuex.createStore({          //创建实例对象 store
    state: {name: 'Vuex 数据'}
})
Vue.createApp({ }).use(store).mount('#app')   //安装 Vuex 插件
</script>
```

【**示例 2**】示例 1 的写法比较烦琐，可以把 this.$store.state.name 封装到计算属性中，这样就可以直接引用 name。代码如下：

```
computed: {
    name() {return this.$store.state.name}
}
```

【**示例 3**】也可以使用 Vuex.mapState()函数把状态数据封装为计算属性。代码如下：

```
const App = {
    computed: Vuex.mapState({
        name: state => state.name
    })
}
Vue.createApp(App).use(store).mount('#app')            //安装 Vuex 插件
```

2. 在项目中使用

使用 Vue CLI 脚手架搭建项目的具体操作步骤可以参考 9.5.1 小节内容，其中在步骤（3）进入模块配置界面后需要选中 Vuex 选项。其他步骤按提示操作即可。

项目创建完成后，在 src 目录下出现一个 store 文件夹，store 文件夹中有一个 index.js 文件。

```
import {createStore} from 'vuex'
export default createStore({                           //创建实例
    state: {},
    getters: {},
    mutations: {},
    actions: {},
    modules: {}
})
```

在 src 目录下的 main.js 文件中，使用 import 命令导入 store 模块中的 index.js。然后把实例 store 创建给 Vue 实例的 use()方法，注册插件。

```
import {createApp} from 'vue'
import App from './App.vue'
import router from './router'
import store from './store'
createApp(App).use(store).use(router).mount('#app')
```

扫一扫，看视频

10.2.4 Vuex 核心对象

1. state 对象

可以把共享数据提取出来，放到状态管理的 state 对象中。在实例中可以通过 this.$store.state.name 获取 state 对象的数据。

2. getters 对象

当获取 store 中的 state 数据后，如果需要加工后才能使用，在单个实例中一般使用 computed 属性。如果在多个组件中都需要执行这个操作，使用计算属性就比较麻烦。这时可以把这个操作写到 store 的 getters 对象中。每个组件只引用 getters 就可以了，相当于是 state

的计算属性。

【**示例 1**】getters 的返回值会根据它的依赖被缓存起来，只有当它的依赖值发生了改变，才会被重新计算。getters 接收 state 作为第 1 个参数，可以监听 state 的变化，返回计算后的结果。

```
<div id="app">
    <p>{{getn}}</p>
</div>
<script>
    const store = Vuex.createStore({              //创建实例对象 store
        state: {n: 1},
        getters:{                                  //getters 对象
             getn(state){return state.n * 10}      //state 的计算属性
        }
    })
    const App = {
        computed: {                                //实例的计算属性
           getn(){return this.$store.getters.getn}
        }
    }
    Vue.createApp(App).use(store).mount('#app')   //安装 Vuex 插件
</script>
```

3．mutation 对象

Vuex 中的 mutation 类似于事件，每个 mutation 都有一个字符串的事件类型（type）和一个回调函数（handler）。回调函数会接收 state 作为第 1 个参数，在回调函数中也可以修改数据。

【**示例 2**】在示例 1 的基础上，添加一个<button>按钮，绑定实例方法，单击将触发 mutations 事件。

```
<div id="app">
    <p>{{getn}}</p>
    <button @click="add()">增加</button>
</div>
<script>
    const store = Vuex.createStore({              //创建实例对象 store
        state: {n: 1},
        getters:{getn(state){return state.n * 10}},  //state 的计算属性
        mutations:{                                //定义 mutations 事件
             add(state, obj){return state.n += obj.num}
        }
    })
    const App = {
        computed: {getn(){return this.$store.getters.getn}},
                                                   //实例的计算属性
        methods: {                                 //添加一个方法，触发 mutations 事件
           add(){this.$store.commit("add", {num: 100})}
        }
    }
```

```
        Vue.createApp(App).use(store).mount('#app')          //安装 Vuex 插件
</script>
```

4．action 对象

action 类似于 mutation，不同之处在于 action 提交的是 mutation，而不是直接变更数据状态；action 可以包含任意异步操作。

在 Vuex 中提交 mutation 是修改状态的唯一方法，并且这个过程是同步的，异步逻辑都应该封装到 action 对象中。action 函数接收一个与 store 实例具有相同方法和属性的 context 对象，因此可以调用 context.commit 来提交一个 mutation，或者通过 context.state 和 context.getters 来获取 state 和 getters 中的数据。

【示例 3】在示例 2 的基础上，添加 actions 对象，定义 actions 事件，并通过 this.$store .dispatch()触发该事件。

```
<div id="app">
    <p>{{getn}}</p>
    <button @click="add()">增加</button>
</div>
<script>
    const store = Vuex.createStore({                        //创建实例对象 store
        state: {n: 1},
        getters:{getn(state){return state.n * 10}},         //state 的计算属性
        mutations:{                                         //定义 mutations 事件
            add(state, obj){return state.n += obj.num}
        },
        actions:{                                           //定义 actions 事件
            add(context){                                   //回调函数
                setTimeout(()=>{                            //定义 1s 后再执行 mutations 事件
                    context.commit("add",{num:200})
                },1000)
            }
        }
    })
    const App = {
        computed: {getn(){return this.$store.getters.getn}},
                                                            //实例的计算属性
        methods: {                                          //添加一个方法，触发 actions 事件
            add(){this.$store.dispatch("add")}
        }
    }
    Vue.createApp(App).use(store).mount('#app')             //安装 Vuex 插件
</script>
```

10.3 案 例 实 战

10.3.1 设计登录和注册视图

【案例】登录和注册是项目开发中常用的功能需求，本案例使用路由管理实现登录和注

册视图的切换，演示效果如图 10.6 所示。

（a）　　　　　　　　　　　　　　　　　　（b）

图 10.6　设计登录和注册视图效果

（1）使用 Vue CLI 脚手架搭建一个项目。具体操作步骤可以参考 9.5.1 小节内容，其中在步骤（3）进入到模块配置界面后需要选中 Router 和 Vuex 选项，如图 10.7 所示。本案例将用到 vue-router 插件，10.3.2 小节中的案例将用到 vuex 插件，因此一起安装这两个插件，10.3.2 小节中的案例将直接利用这个插件，其他步骤按提示操作即可。

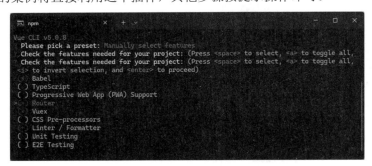

图 10.7　按空格键选中要安装的插件

（2）项目创建完成后，在 src 目录下打开 main.js，编写应用逻辑入口。

```
import {createApp} from 'vue'
import App from './App.vue'
import router from './router'
import store from './store'
import './lib/bootstrap/bootstrap_v5.3.1.css'
createApp(App).use(store).use(router).mount('#app')
```

项目模板已经帮助完成了入口程序的设计，可以根据实际需求增删，这里主要加入下面的代码，导入本项目用到的 CSS 样式库文件 bootstrap。

```
import './lib/bootstrap/bootstrap_v5.3.1.css'
```

（3）编写路由文件。在 router 文件夹下打开 index.js 文件，该文件是一个单独的路由文件。因为在后面的步骤中将会创建登录和注册视图组件，所以需要在路由文件中导入这两个组件，并配置相应的路由规则。

```
import {createRouter, createWebHashHistory} from 'vue-router'
import LoginView from '../views/LoginView.vue'           //导入视图组件
import RegiView from '../views/RegiView.vue'             //导入视图组件
const routes = [{path: '/', name: 'home', redirect: '/login'}, //配置路由规则
    {path: '/login', name: 'login', component: LoginView},
    {path: '/register', name: 'regi', component: RegiView}
]
const router = createRouter({                            //创建路由实例
    history: createWebHashHistory(),
    routes
})
export default router
```

（4）渲染路由组件。在 src 文件夹下打开 App.vue 文件，该文件是项目的根组件（主组件），所有页面都是在 App.vue 下进行切换的，在这里可以定义公共样式或动画等。本案例在这里使用<router-link>和<router-view>标签设计路由导航和渲染位置。

```
<template>
    <div class="login-container">
        <router-link to="/login">登录</router-link>
        <router-link to="/register">注册</router-link>
    </div>
    <router-view></router-view>
</template>
<style lang="scss">
.login-container{
    display: flex; justify-content: center; padding-top: 20px;
    a {padding: 5px 20px; border-radius: 5px; font-size: 16px;}
}
</style>
```

（5）编写视图组件，在 src/views 文件夹下删除默认的视图模板文件。新建 LoginView.vue 和 RegiView.vue，在这两个文件中分别使用<template>标签定义表单结构，由于都是基本的 HTML 表单代码，这里就不再呈现代码，需要声明的是任何 HTML 代码都可以放入其中，读者可以参考本小节示例源代码。

（6）完成设计后，在命令行下切换到项目目录，然后输入命令 npm run serve 运行项目。执行上述命令后，会自动进行编译和打包，并把打包好的文件以虚拟的形式托管到项目根目录中。当命令行显示 Compiled successfully 时表示编译完成，项目已经启动，然后按 Ctrl 键单击显示的项目 URL，即可在浏览器中预览。

10.3.2 设计购物车

扫一扫，看视频

【案例】购物车是在线商城中的基本功能之一，可以实现将购买的商品添加到购物车，计算购物车中商品的总价格。本案例主要由两个视图页组成，分别是"商品列表"页面和"购物车"页面，演示效果如图 10.8 所示。

在图 10.8（a）所示的页面中，单击"加入购物车"按钮，可以将商品添加到购物车。在顶部切换到"购物车"页面，可以查看购物车中的商品，并且会在底部显示商品的总价格，如果在购物车页面中单击"删除"按钮，则表示删除商品。

（a）　　　　　　　　　　　　　　　　（b）

图 10.8　设计商品列表和购物车效果

（1）在 10.3.1 小节中的案例的项目模板基础上进行设计。打开 App.vue 文件，设计导航和渲染容器。

```
<template>
    <div id="app">
        <div class="bottom">
            <router-link to="/">商品列表</router-link>
            <router-link to="/shopcart">购物车</router-link>
        </div>
        <div class="content">
            <router-view/>
        </div>
    </div>
</template>
```

（2）获取商品数据。创建 src/api/shop.js 文件，准备商品数据，具体内容可参考本小节示例源代码。

```
const data = [
    {id: 1, title: 'Apple/苹果 iPhone 15 (A3092) 256GB 蓝色', price: 6199,
    src: '/static/1.jpg'},
    ...
]
export default {
    getGoodsList(callback){                          //模拟异步请求的延迟效果
        setTimeout(() => callback(data), 100)        //延迟反馈数据
    }
}
```

（3）编写路由文件。在 router 文件夹下打开 index.js 文件，在路由文件中导入两个组件，并配置相应的路由规则。

```
import {createRouter, createWebHashHistory} from 'vue-router'
import GoodsList from '@/components/GoodsList'
import ShopCart from '@/components/ShopCart'
const routes = [
    {path: '/', name: 'GoodsList', component: GoodsList},
    {path: '/shopcart', name: 'Shopcart', component: ShopCart}
```

```
]
const router = createRouter({
    history: createWebHashHistory(),
    routes
})
export default router
```

（4）编写状态文件。在 store 文件夹下打开 index.js 文件，在状态文件中导入两个组件，并配置相应的模块规则。

```
import {createStore} from 'vuex'
import goods from './modules/goods'
import shopcart from './modules/shopcart'
export default createStore({
    modules: {
        goods,
        shopcart
    }
})
```

（5）在 src/store/modules/shopcart.js 文件中编写 add()方法和 del()方法，分别用于实现购物车中的商品的添加和删除功能。totalPrice 实现总价格的计算。

```
const state = {items: []}                               //状态变量
const getters = {                                       //状态计算属性，求总价格
    totalPrice: (state) => {
        return state.items.reduce((total, item) => {
            return total + item.price * item.num
        }, 0).toFixed(2)
    }
}
const actions = {                                       //触发事件
    add(context, item){context.commit('add', item)},
    del(context, id){context.commit('del', id)}
}
const mutations = {                                     //事件处理函数
    add(state, item){                                   //添加商品
        const v = state.items.find(v => v.id === item.id)
        if(v){++v.num} else {
            state.items.push({
                id: item.id,
                title: item.title,
                price: item.price,
                src: item.src,
                num: 1
            })
        }
    },
    del(state, id){                                     //删除商品
        state.items.forEach((item, index, arr) => {
            if (item.id === id){arr.splice(index, 1)}
        })
    }
}
```

（6）实现商品展示组件 src/components/GoodsList.vue 和购物车商品列表组件 src/componentsShopCart.vue，分别使用 v-for 指令把商品数据 goods 及选购项目 items 展示出来。

10.4 本 章 小 结

本章主要讲解了 Vue 路由和状态管理。首先介绍了如何安装 vue-router，以及如何正确使用 vue-router；然后介绍了嵌套路由、命名路由、命名视图、参数传递、编程式导航等知识点；最后介绍了 Vuex 的安装和基本用法，了解了 Vuex 核心对象。

10.5 课 后 习 题

一、填空题

1. _____是 Vue 官方推出的路由管理插件。
2. 路由就是根据不同的_____展示不同的页面内容。在 Web 应用开发中，路由分为_____和_____。
3. vue-router 适合用于构建_____。主要用于_____，实现_____的对应，以及通过_____进行组件之间的切换，从而使构建单页 Web 应用变得更加简单。
4. 在路由中使用_____标签设置导航链接，使用_____标签设置内容渲染的位置。
5. _____是一个专为 Vue.js 应用程序开发的状态管理库。

二、判断题

1. Vuex 的状态存储是非响应式的。 （   ）
2. Vuex 有两种安装方式：通过<script>标签导入 vuex.js 文件，或者使用 npm 或 yarn 命令安装。 （   ）
3. 使用<script src="https://unpkg.com/vuex@next"></script>可以导入最新的 Vuex。（   ）
4. 在单页 Web 应用中，整个项目可以有多个 HTML 文件。 （   ）
5. 在 Vue.js 实例中调用 use()方法可以安装路由。 （   ）

三、选择题

1. 在<router-link>标签中设置（   ）属性可以定义路由。
   A．href   B．src   C．from   D．to
2. <router-link>标签默认渲染为（   ）标签。
   A．<a>   B．<div>   C．<span>   D．<ul>
3. 路由规则通过（   ）选项设置，其值为一个数组，数组元素为对象。
   A．route   B．routes   C．path   D．name
4. 嵌套路由的关键属性是（   ），它也是一组路由，相当于 routes 选项。
   A．component   B．child   C．children   D．path
5. 通过在 routes 配置中给路由添加（   ）选项设置名称，从而方便调用路由。
   A．name   B．src   C．from   D．to

四、简答题

1. 简述后端路由和前端路由的区别。
2. 使用 Vuex 统一管理数据有什么好处？它与全局变量有什么区别？

五、编程题

1. 使用嵌套路由设计一个二级导航的页面效果，类似效果如图 10.9 所示。

图 10.9　二级导航的页面效果

2. 使用 Vue CLI 脚手架创建一个练习项目，设计一个用户信息后台管理系统的视图，类似效果如图 10.10 所示。

图 10.10　用户信息后台管理系统的视图

第 11 章 综合案例：微购商城

【学习目标】

- ❱ 了解使用 Vue 开发应用项目的基本设计方法和思路。
- ❱ 熟悉综合案例的开发流程。
- ❱ 能够综合使用各种 Vue 技术完成项目制作。

经过前面多章的深入学习，相信读者已经熟练掌握了 Vue 中各种功能的使用方法，本章将带领读者进入综合项目实战，通过运用 Vue、vue-router 等前端库和插件，并配合后端服务器提供的 API，完成在线商城项目的制作。考虑到篇幅有限，本章仅介绍项目前端的关键技术和开发思路，在本书配套的示例源代码中提供了完整的项目源码。本章用到的主要技术如下：

- ❱ 前端框架 Vue 3.0。
- ❱ 脚手架 Vue CLI 4。
- ❱ Vue 项目 UI 框架 Element Plus。
- ❱ 网络请求插件 Axios。

11.1 准 备 工 作

11.1.1 创建项目

扫一扫，看视频

本章将利用 Vue 框架开发一个在线购物系统，即微购商城。该系统售卖电子商品，并提供注册和登录功能。用户可以根据商品的介绍选择适合自己的商品，进行下单购买。

（1）在系统中创建 shop 项目。在 DOS 系统窗口中切换到创建项目所在的目录，输入命令 vue create shop，按 Enter 键开始创建。

（2）在 Please pick a preset:选项中按向下方向键选择第 3 个选项（Manually select features），选择手动配置模块。

（3）按 Enter 键，进入模块配置界面。按上下方向键移动选项，然后通过空格键选择要配置的模块，选择的项目如下，如图 11.1 所示。

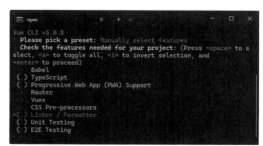

图 11.1 模块配置界面

1）Babel：使用 Babel 模块。

2）Router：使用 Vue 路由。

3）Vuex：使用 Vuex 状态管理器。

4）CSS Pre-processors：使用 CSS 预处理器。

> **注意**
>
> Linter/Formatter 默认为安装，建议本次练习不要安装，由于 ESLint 插件对 JavaScript 代码的检测非常严格，初次学习项目开发时，容易被各种非致命性报错所困扰（如空格、缩进、大小写等），继而可能会丧失学习兴趣。

（4）按 Enter 键，进入选择 Vue.js 版本界面，这里选择 3.x 选项。

（5）按 Enter 键，在下一个界面询问是否使用路由器的 history 模式，该模式需要正确的服务器设置才能起作用。

（6）输入 n，按 Enter 键，进入 CSS 预处理器选择界面，这里选择 Sass/SCSS(with dart-sass)。

（7）按 Enter 键，在下一个界面询问在何处放置配置文件，这里可以自由选择。默认选择 In dedicated config files，即在专用配置文件中存放。

（8）按 Enter 键，在下一个界面询问是否保存当前的配置。如果再次创建项目，可以直接选择这个配置创建项目，保存的预设将显示在 Please pick a preset:选项的最上面。

（9）输入 y，表示保存本次设置。

（10）按 Enter 键，为本次配置设置一个名字，这里输入 my_shop。

（11）按 Enter 键，完成选项设置。然后 Vue CLI 将帮助创建项目，后面的过程会自动完成，需要等待一段时间。项目创建完成后，将显示如图 11.2 所示的界面。

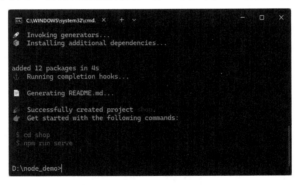

图 11.2　项目创建完成

11.1.2　安装插件

本项目需要用到两个第三方插件：Element Plus UI 和 Axios。

（1）接着 11.1.1 小节安装项目的最后一步，在 DOS 系统窗口中输入命令 cd shop，按 Enter 键进入项目目录。

（2）安装 Element Plus UI 框架。输入下面的命令，按 Enter 键进行安装。

```
npm install element-plus --save
```

> **提示**
>
> Element Plus 是饿了么团队开发的一套基于 Vue.js 的 UI 组件库，能够帮助用户快速构建出功能丰富、美观大方的 Web 应用。

（3）安装 Axios，用于向服务器请求数据。输入下面的命令，按 Enter 键进行安装。

```
npm install axios --save
```

提示

axios 是 Vue 官网推荐的、基于 promise 的网络请求库，可以用在浏览器和 Node.js 中，是对 Ajax 的封装，其功能单一，只是发送网络请求。

扫一扫，看视频

11.2　入　口　设　计

11.2.1　main.js

打开 src/main.js 入口文件，在其中添加两行代码，导入 element-plus 插件和样式表文件，并使用 use()方法在 createApp(App)根组件实例上进行安装。

```
import ElementPlus from 'element-plus'
import 'element-plus/dist/index.css'
createApp(App).use(ElementPlus).use(router).mount('#app')
```

11.2.2　App.vue

打开 src/App.vue 应用组件文件，在该组件中设计一个站点导航界面，演示效果如图 11.3 所示。使用<router-view/>标签定义站点信息显示的容器，使用<div id="nav">定义导航容器，并固定显示在底部，导航容器包含 4 个链接，分别使用<router-link>标签定义。具体核心代码如下：

```
<template>
  <router-view/>
  <div id="nav">
    <router-link class="tab-bar-item" to="/"><div>首页</div></router-link>
    <router-link class="tab-bar-item" to="/category"><div>分类</div>
    </router-link>
    <router-link class="tab-bar-item" to="/shopcart"><div>购物车</div>
    </router-link>
    <router-link class="tab-bar-item" to="/profile"><div>我的</div>
    </router-link>
  </div>
</template>
```

图 11.3　主界面框架设计

11.3 视 图 设 计

11.3.1 视图结构

针对不同的视图页面，在 src/views 目录下创建不同的子文件夹，并在不同的子文件夹下创建不同的组件文件。具体说明如下。

（1）views/home：存放主页视图，包含 Home.vue、Banner.vue、Recommend.vue 3 个组件。

（2）views/category：存放商品分类视图，包含 Category.vue 组件。

（3）views/profile：存放个人信息视图，包含 Login.vue、Profile.vue、Register.vue 3 个组件。

（4）views/shopcart：存放购物车信息视图，包含 Shopcart.vue 组件。

（5）views/detail：存放商品详情信息视图，包含 Detail.vue 组件。

11.3.2 设计路由

打开 src/router/index.js 文件，设计基本导航代码。

```
import {createRouter, createWebHistory} from 'vue-router'
const routes = [{path: '/', redirect: '/home'},
    {path: '/:catchAll(.*)', name: '404', component: () => import('../views/
404.vue')},
    {path: '/home', name: 'Home', component: () => import('../views/home/
Home.vue'), meta: {title: '网上商城'}},
    {path: '/profile', name: 'Profile', component: () => import('../views/
profile/Profile.vue'), meta: {title: '个人中心'}},
    {path: '/register', name: 'Register', component: () => import('../views/
profile/Register.vue'), meta: {title: '账号注册'}},
    {path: '/detail', name: 'Detail', component: () => import('../views/
detail/Detail'), meta: {title: '订单详情'}},
    {path: '/category', name: 'Category', component: () => import('../views/
category/Category.vue'), meta: {title: '商品分类'}},
    {path: '/login', name: 'Login', component: () => import('../views/
profile/Login.vue'), meta: {title: '用户登录'}},
    {path: '/shopcart', name: 'Showcart', component: () => import('../views/
shopcart/Shopcart.vue'), meta: {title: '购物车'}}
  ]
  const router = createRouter({
    history: createWebHistory(process.env.BASE_URL),
    routes
  })
  export default router
```

11.3.3 设计标题栏

项目的标题栏固定显示在窗口顶部，打开 src/components/common/navbar 目录下的创建通用导航组件 NavBar.vue 进行设计。

```
<template>
  <div class="nav-bar">
    <div class="left" @click="goBack">
      <slot name="left"><i class="el-icon-arrow-left"></i></slot>
    </div>
    <div class="center"><slot></slot></div>
    <div class="right"><slot name="right"></slot></div>
  </div>
</template>
<script>
import {reactive, toRefs} from "vue";
import {useRouter} from "vue-router";
export default {
  setup(){
    const state = reactive({count: 0,});
    const router = useRouter();
    const goBack = () => {router.go(-1);};
    return {
      ...toRefs(state),
      goBack,
    };
  },
};
</script>
```

浏览器窗口的标题栏通过路由实现。在 src/router/index.js 文件中加上 meta 元素，然后在脚本中通过下面的代码进行动态控制。

```
router.beforeEach((to, from, next) => {
  next()
  document.title = to.meta.title
})
```

11.4 首 页 设 计

11.4.1 轮播组件

扫一扫，看视频

首页轮播图使用 Element Plus 框架，使用的图片由 src/views/home/Home.vue 父组件定义，在 src/views/home/Banner.vue 子组件中进行轮播。Banner.vue 组件的核心代码如下：

```
<template>
  <div class="block">
    <el-carousel :interval="3000">
      <el-carousel-item v-for="(item, index) in bannerdata" :key="index">
        <h3><img :src="bannerdata[index]"/></h3>
      </el-carousel-item>
    </el-carousel>
```

```
    </div>
</template>
<script>
import {reactive, toRefs} from "vue";
export default {
  props: {
    bannerdata: {type: Array,
      default(){return[];},
    },
  },
  setup(){
    const state = reactive({imgArray: [],});
    return {...toRefs(state),};
  },
};
</script>
```

扫一扫，看视频

11.4.2　商品推荐组件

商品推荐组件会显示商品推荐列表，并展示商品的具体图片及说明。由 src/views/home/ Home.vue 父组件定义，通过 src/views/home/Recommend.vue 子组件展示。Recommend.vue 组件的核心代码如下：

```
<template>
  <div class="recommend">
    <div class="recommend-item" v-for="(item, index) in recommends.
    slice(0, 4)" :key="index" >
      <a href="/detail" @click.prevent="goDetail(index)"><img :src=
      "item.url" alt=""/> <div> {{item.title}}</div> </a>
    </div>
  </div>
</template>
<script>
import {reactive, toRefs} from "vue";
import {useRouter} from "vue-router";
export default{
  props: {
    recommends: {type: Array,
      default(){return [];},
    },
  },
  setup(){
    const state = reactive({count: 0,});
    const router = useRouter();
    const goDetail = (id) => {
      router.push({path: "/detail", query: {id},});
    };
    return{
      ...toRefs(state),
      goDetail,
```

```
    };
  },
};
</script>
```

最后在 src/views/home/Home.vue 父组件中定义相关数据，并调用轮播图和推荐商品子组件。

11.4.3　选项卡组件

首页选项卡利用 Element Plus 提供的选项卡组件实现，但选项卡的标题数据由父组件 Home.vue 提供。选项卡子组件 src/components/content/TabControl.vue 的核心代码如下：

```
<template>
  <el-tabs v-model="activeName" stretch="true" @tab-click="tabClick">
    <el-tab-pane v-for="(item, index) in titles"
      :key="index" :label="item.title" :name="item.tname" class="tabpane" >
    </el-tab-pane>
  </el-tabs>
</template>
<script>
import {onMounted, reactive, toRefs} from "vue";
export default {
  props: {
    titles: {type: Array,
      default() {return [];},
    },
  },
  setup(props, {emit}){
    const state = reactive({activeName: "",});
    onMounted(() => {                                    //起始让标签在第 1 个选项卡上
      state.activeName = props.titles[0].tname;
    });
    const tabClick = (tab) => {emit("tabclick", tab.index);};
    return {...toRefs(state), tabClick,};
  },
};
</script>
```

11.4.4　商品列表

在首页单击不同的选项卡，能显示出不同的商品列表，默认显示数码商品列表。在商品列表呈现的过程中，把页面分成以下两个组件。

（1）控制商品每行显示数量的商品列表组件 GoodsList.vue。

（2）每个商品的具体显示信息和显示样式的商品列表元素组件 GoodsListItem.vue。

在主页 Home.vue 组件中调用商品列表组件 GoodsList.vue，并通过 props 下发数据，本案例中为了简便起见，该数据是固定的，也可以从服务器端下载。

在商品列表组件 GoodsList.vue 中调用商品列表元素组件 GoodsListItem.vue，同样也通过 props 下发数据，演示效果如图 11.4 所示。

图 11.4　商品列表页面

商品列表组件 src/components/content/GoodsList.vue 的核心代码如下：

```
<template>
  <div class="goods">
    <goods-list-item v-for="(item, index) in goods.list"
    @click="goDetail(item.id)" :product="item" :key="index" >
    </goods-list-item>
  </div>
</template>
<script>
import {reactive, toRefs} from "vue";
import GoodsListItem from "./GoodsListItem.vue";
import {useRouter} from "vue-router";
export default {
  components: {GoodsListItem,},
  props: {
    goods: {type: Array,
      default(){return[];},
    },
  },
  setup(){
    const state = reactive({count: 0,});
    const router = useRouter();
```

```
    const goDetail = (id) => {router.push({path: "/detail", query: {id}});};
    return {...toRefs(state), goDetail,};
  },
};
</script>
```

商品列表元素组件 src/components/content/GoodsListItem.vue 的核心代码如下：

```
<template>
  <div class="goods-item">
    <img :src="product.url" alt=""/>
    <div class="goods-info">
      <p>{{product.title}}</p>
      <span class="price"><small>¥</small>{{product.price}}</span>
      <span class="collect"><i class="el-icon-star-off"></i>
        <span>{{product.collectcount}}</span>
      </span>
    </div>
  </div>
</template>
<script>
import {reactive, toRefs} from "vue";
export default {
  props: {
    product: Object,
    default(){return {};},
  },
  setup(){
    const state = reactive({count: 0,});
    return {...toRefs(state),};
  },
};
</script>
```

在 Home.vue 组件中调用商品列表，在其代码中加入以下主要内容。

```
<template>
  <div>
    <nav-bar><template v-slot:default>微购商城</template></nav-bar>
    <banner :bannerdata="banners"></banner>
    <recommend :recommends="recommends"></recommend>
    <tab-control @tabclick="tabclick" :titles="titles"></tab-control>
    <good-list :goods="showGoods"></good-list>
  </div>
</template>
<script>
import {reactive, toRefs, ref, computed} from "vue";
import NavBar from "../../components/common/navbar/NavBar.vue";
import recommend from "../home/Recommend.vue";
import banner from "./Banner.vue";
import TabControl from "../../components/content/TabControl.vue";
import GoodList from "../../components/content/GoodsList.vue";
export default {
  components: {NavBar, recommend, banner, TabControl, GoodList,},
```

```
setup(){
  const state = reactive({
    banners: [
      require("../../assets/images/0.jpg"),
      ...
    ],
    recommends: [{url: require("../../assets/images/sj1.jpg"), title:
    "iPhone 15",},
      ...
    ],
    titles: [{tname: "first", title: "图书音像",},
      ...
    ],
  });
  const goods = reactive({
    sales: {
      list: [{
          id: 1, url: require("../../assets/images/sj1.jpg"),
          title: "Apple/苹果 iPhone 15 (A3092) 256GB 蓝色 ",
          price: 6199, collectcount: 58,
        },
        ...
      ],
    },
    new: {
      list: [
        {
          id: 1, url: require("../../assets/images/sj1.jpg"),
          title: "Apple/苹果 iPhone 15 (A3092) 256GB 蓝色 ",
          price: 6199, collectcount: 58,
        },
        ...
      ],
    },
    recommend: {
      list: [
        {
          id: 1, url: require("../../assets/images/sj1.jpg"),
          title: "Apple/苹果 iPhone 15 (A3092) 256GB 蓝色 ",
          price: 6199, collectcount: 58,
        },
        ...
      ],
    },
  });
  let currentType = ref("sales");
  const showGoods = computed(() => {return goods[currentType.value];});
  const tabclick = (index) => {
    let types = ["sales", "new", "recommend"];
    currentType.value = types[index];
  };
  return {...toRefs(state), ...toRefs(goods), tabclick, showGoods,};
},
```

```
};
</script>
```

11.4.5 商品信息

本案例商品详细页面的设计比较简单，只显示商品的标题、图片和价格，商品信息组件 Detail.vue 的代码如下，演示效果如图 11.5 所示。

图 11.5 商品详细页面

```
<template>
  <nav-bar><template v-slot:default>商品详情</template></nav-bar>
  <div class="detailList">
    <h3 class="title">商品：{{list[id].title}}</h3><img :src="list[id].url"
    alt=""/>
    <h4 class="price">单价：<span>￥{{list[id].price}}</span></h4>
    <el-button type="primary">加入购物车</el-button>
    <el-button type="success">下单直接购买</el-button>
  </div>
</template>
<script>
import {reactive, toRefs} from "vue";
import {useRoute} from "vue-router";
import NavBar from "../../components/common/navbar/NavBar.vue";
export default {
  components: {NavBar,},
  setup() {
    const route = useRoute();
    const state = reactive({ id: 0,
      list: [{id: 1, url: require("../../assets/images/sj1.jpg"),
          title: "Apple/苹果 iPhone 15 (A3092) 256GB 蓝色",
          price: 6199, collectcount: 58,
        },
        ...
      ],
    });
    state.id = route.query.id;
    return {...toRefs(state),};
  },
};
</script>
```

在主页中通过商品列表组件 GoodsList.vue 调用商品信息组件 Detail.vue，在商品列表组件 GoodsList.vue 中加入以下代码。

```
<template>
  <div class="goods">
    <goods-list-item v-for="(item, index) in goods.list" @click="goDetail
    (item.id)"
      :product="item" :key="index"> </goods-list-item>
  </div>
</template>
<script>
import {reactive, toRefs} from "vue";
import GoodsListItem from "./GoodsListItem.vue";
import {useRouter} from "vue-router";
export default {
  components: {GoodsListItem,},
  props: {
    goods: {type: Array,
      default(){return [];},
    },
  },
  setup(){
    const state = reactive({count: 0,});
    const router = useRouter();
    const goDetail = (id) => {
      id = parseInt(id) - 1;
      router.push({path: "/detail", query: {id}});
    };
    return {...toRefs(state), goDetail,};
  },
};
</script>
```

11.5　登录和注册

11.5.1　登录组件

　　登录组件包含一个表单结构，可以输入用户名、密码，系统根据用户账号自动识别用户角色，根据不同的角色及权限信息，进入角色对应的系统页面，演示效果如图 11.6 所示。

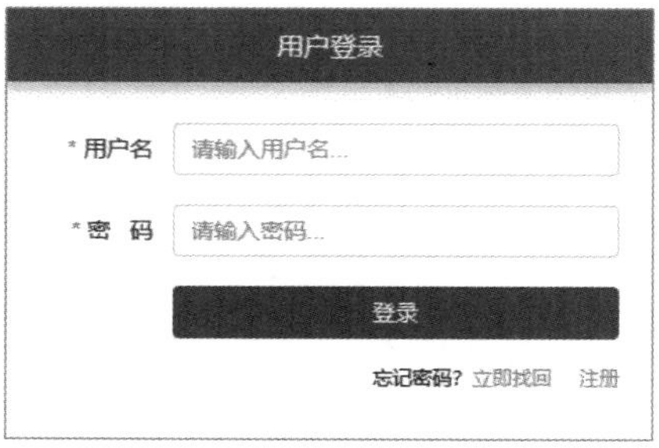

图 11.6　登录页面

登录组件 src/views/profile/Login.vue 的代码如下：

```
<template>
<nav-bar>
  <template v-slot:default>用户登录</template>
  </nav-bar>
  <div class="container"><!--form 表单容器-->
    <div class="forms-container">
        <el-form :model="form" ref="lbLogin" label-width="80px" :rules=
        "rules" class="loginForm"><el-form-item label="用户名" prop="name">
            <el-input v-model="form.name" placeholder="请输入用户名...">
            </el-input>
        </el-form-item>
        <el-form-item label="密   码" prop="password">
            <el-input v-model="form.password" type="password" placeholder=
            "请输入密码..."></el-input></el-form-item>
        <el-form-item><el-button type="success" class="submit-btn"
        @click="onSubmit('lbLogin')">登录</el-button>
        </el-form-item>
        </el-form>
        <div class="tiparea"><p>忘记密码？<a href="#">立即找回</a>  
          <a href="/register">注册</a></p>          <!--找回密码-->
        </div>
    </div>
  </div>
</template>
<script>
import {reactive, toRefs, getCurrentInstance} from 'vue'
import {useRouter} from 'vue-router'
import {ElMessage} from 'element-plus'
import axios from 'axios'
import NavBar from '../../components/common/navbar/NavBar.vue'
export default {
  components:{ NavBar},
  setup(){
    const state = reactive({
      form: {name: '', password: ''},
      rules: {                                  //校验规则
        name: [{
            required: true,                     //表单不能为空
            message: '请输入用户名',              //验证错误，在页面上显示的错误信息
            trigger: 'blur'                     //失去焦点时触发
        }],
        password: [{
            required: true,
            message: '请输入密码',
            trigger: 'blur'
        }]
      }
    })
    const {ctx} = getCurrentInstance()
    const router = useRouter()
    const onSubmit = (formName) => {            //用户单击"登录"按钮的触发方法
```

```
        ctx.$refs[formName].validate((valid) => {
            if (valid) {
                axios.get('/api/login.php',{
                    params: {
                        username: state.form.name,
                        password: state.form.password,
                    }
                }).then(res =>{
                    console.log(res.data)
                    if (res.data) {                      // 返回 true 或 false
                        localStorage.setItem('username',state.form.name)
                        router.go(0)
                        alert("登录成功")
                    } else {
                        ElMessage({
                            message: '用户名和密码错误，重新输入',
                            center: true,
                            type: 'error',
                            offset: 100,
                            showClose: true,
                            duration: 5000
                        });
                    }
                }).catch(error => {window.console.log("失败"+error)})
            } else {console.log('error submit!!')
                return false
            }
        })
    }
    return {
        ...toRefs(state),
        onSubmit
    }
    }
}
</script>
```

在用户登录组件之前，需要跨域访问服务器以验证用户名和密码的正确性，此处使用
Axios 插件实现，所以需要在项目根目录下的 vue.confg.js 文件中加入以下代码。

```
const {defineConfig} = require('@vue/cli-service')
module.exports = defineConfig({
  transpileDependencies: true,
  configureWebpack: {
    resolve: {
      alias: {
        'assets': '@/assets',
        'img': '@/assets/images'
      }
    }
  },
  publicPath: "./",                              //公共路径
  outputDir: 'dist',
```

```
  devServer: {                              //跨域处理
    open: true,
    host: 'localhost',
    port: '8080',
    proxy: {
      '/api': {
        target: 'http://localhost',         //要请求的地址
        ws: true,
        changeOrigin: true,
        pathRewrite: {
          '^/api': ''
        }
      }
    }
  }
})
```

11.5.2　注册组件

注册表单与登录表单设计思路基本相同，其中用户名的验证规则有 3 个：不能为空、长度在 2～25 位之间、用户名不能重复。密码的验证规则有两个：不能为空、长度在 6～15 位之间。确认密码的验证规则有两个：不能为空、两次输入的密码一致，演示效果如图 11.7 所示。

图 11.7　注册页面

首先设定路由，修改 src/router/index.js 文件，在其中增加以下代码。

```
{
  path: '/register',
  name: 'Register',
  component: () => import('../views/profile/Register.vue'),
  meta: {title: '账号注册'}
},
```

注册组件 Register.vue 的核心代码如下：

```
<template>
  <nav-bar><template v-slot:default>新用户注册</template></nav-bar><br>
  <div class="container"><!--form 表单容器-->
    <div class="forms-container"><!--登录-->

      ...

    </div>
  </div>
```

```
</template>
<script>
import {reactive, toRefs, getCurrentInstance} from 'vue'
import {useRouter} from 'vue-router'
import NavBar from '../../components/common/navbar/NavBar.vue'
import axios from 'axios'
export default {
  name: 'LoginRegister',
  components:{NavBar},
  setup(){
    const validatePass = (rule, value, callback) => {
      if (value === '') {callback(new Error('请再次输入密码'))
      } else if (value !== state.registerUser.password) {
        callback(new Error('两次输入密码不一致!'))
      } else {callback()}
    }
    const checkName= (rule, value, callback) => {
      axios.get('/api/findname.php',{
        params: {username: value}
      }).then(res =>{
        if (res.data){callback(new Error('用户名已存在，请重新输入用户名'))}
        else {callback()}
      }).catch(error => {window.console.log("失败"+error)})
    }
    const state = reactive({
      registerUser: {name: '', password: '', password2: '', role: ''},
      flag: 'true',
      rules: { //校验规则}
    })
    const {ctx} = getCurrentInstance()
    const router = useRouter()
    const onSubmit = (formName) => { //触发方法
      ctx.$refs[formName].validate((valid) => {
        if (valid){
            ctx.$confirm('确定注册，是否继续?', '提示', {
                confirmButtonText: '确定',
                cancelButtonText: '取消',
                type: 'warning',
                center: true
            }).then(() => {
                ctx.$message({type: 'success', message: '注册成功!'});
                axios.get('/api/register.php',{
                  params: {
                    username: state.registerUser.name,
                    password: state.registerUser.password,
                    role: state.registerUser.role
                  }
                }).then(res =>{console.log(res.data)
                    if (res.data){router.push('/login')}

                }).catch(error => {window.console.log("失败"+error)})
            }).catch(() => {
```

```
                  ctx.$message({type: 'info', message: '已取消注册'});
              });
        } else {console.log('error submit!!')
            return false
          }
      })
    }
    return {...toRefs(state), onSubmit,}
  }
}
</script>
```

　　首页和分类页面不需要登录，购物车和我的页面需要登录后才能访问。限于篇幅，购物车和我的页面不再演示。